中国小杂粮品种保护鉴定与研究

IDENTIFICATION AND RESEARCH ON
VARIETY PROTECTION OF CHINESE COARSE GRAINS

王 颖 张东杰 沈 琰 编著

中国轻工业出版社

图书在版编目（CIP）数据

中国小杂粮品种保护鉴定与研究/王颖，张东杰，沈琰编著.—北京：中国轻工业出版社，2024.1
ISBN 978-7-5184-4254-6

Ⅰ.①中…　Ⅱ.①王…②张…③沈…　Ⅲ.①杂粮—品种—研究—中国　Ⅳ.①S510.292

中国国家版本馆CIP数据核字（2023）第025870号

责任编辑：马　妍　　责任终审：白　洁　　封面设计：锋尚设计
文字编辑：巩孟悦　　责任校对：吴大朋　　责任监印：张　可
策划编辑：马　妍　　版式设计：砚祥志远

出版发行：中国轻工业出版社（北京鲁谷东街5号，邮编：100040）
印　　刷：三河市国英印务有限公司
经　　销：各地新华书店
版　　次：2024年1月第1版第1次印刷
开　　本：720×1000　1/16　印张：17.5
字　　数：352千字
书　　号：ISBN 978-7-5184-4254-6　定价：128.00元
邮购电话：010-85119873
发行电话：010-85119832　010-85119912
网　　址：http://www.chlip.com.cn
Email：club@chlip.com.cn
版权所有　侵权必究
如发现图书残缺请与我社邮购联系调换
201061K1X101ZBW

前 言

小杂粮泛指除了玉米、小麦、大豆、水稻和薯类等大宗粮食作物以外的其他小宗粮豆作物。中国小杂粮品种繁多，主要分布在我国东北、华北、西北、西南的干旱、半干旱地区及高寒冷凉山区，是我国区域性特色经济作物。在《汉书·食货志》中，就有这样的记载："种谷必杂五种，以备灾害"，说明小杂粮自古以来在防灾保粮方面发挥着重要作用。随着人们生活水平的提高和健康需要，市场对小杂粮的需求也越来越大，小杂粮已成为我国最具有发展前景的农业产业。尤其在"乡村振兴"战略背景下，小杂粮在优化农业产业结构、精准扶贫、稳收增收、改善国民食物营养结构、促进农业可持续发展方面均有着重要的理论意义和实践价值。

新品种研发及种植技术提升是小杂粮资源高值化利用的基础，中国小杂粮品种资源虽然丰富，但以农家品种为主，退化严重，且鉴定方法大多基于物种的遗传表现型，重复性、稳定性不能满足鉴定要求。基于此，结合我国小杂粮品种保护及鉴定现状，从分子水平阐述中国小杂粮品种保护鉴定的方法及技术势在必行，对基因定位、克隆、基因组结构与功能的研究以及重要性状的遗传分析均有重要指导意义。

本书总结作者团队多年的科研成果，利用SSR分子标记技术，旨在构建菜豆、谷子、绿豆遗传连锁图谱，为揭示不同杂粮品种的遗传规律奠定基础。本书由王颖教授、张东杰教授和沈琰三人编著。全书共十一章，王颖负责编写第七章和第八章，张东杰负责编写第二章至第六章、第九章，沈琰负责编写第一章、第十章和第十一章。全书由王颖和张东杰统稿，沈琰校稿。

本书的内容得益于张东杰教授主持的国家重点研发计划项目"粳米地理标志产品品质鉴别技术及高品质商品米绿色加工技术集成与示范（2012BAD34B0205）"、黑龙江省应用技术与开发重大项目"水稻原产地保护数字追溯体系建立研究（GA14B104）"、黑龙江省高等学校科技创新团队建设计划项目"农产品加工与质量安全创新团队（2014TD006）"、黑龙江省垦区科研项目"农副产品精深加工及高效利用和贮运技术创新研发与示范项目（HNK13KF-01-01）"等的支持，在此向支持和关心这些研究项目的所有单位和个人表示衷心感谢，还要感谢课题组所有师生的辛苦付出和坚持不懈。

由于编者研究视角有限，编写时间短，资料掌握不全，书中难免存在疏漏和不妥之处，欢迎各位同仁专家及广大读者不吝赐教。

编　者

2023年11月

目 录

第一章　小杂粮品种概述 1
　第一节　菜豆 2
　　一、菜豆的起源、传播、分类和组成 3
　　二、菜豆的生产以及分布 4
　　三、菜豆种质资源的收集、利用和保存 4
　第二节　谷子 5
　　一、谷子的起源、传播、分类和组成 6
　　二、谷子的生产和分布概况 8
　　三、谷子种质资源的收集、利用与保存 9
　第三节　绿豆 10
　　一、绿豆的起源、传播、分类和组成 11
　　二、绿豆的生产和分布概况 14
　　三、绿豆种质资源的收集、利用和保存 15

第二章　分子标记技术在小杂粮中的研究及应用 17
　第一节　分子标记技术在菜豆中研究及应用 20
　　一、菜豆种质资源遗传多样性研究 20
　　二、菜豆遗传连锁图谱的研究 21
　　三、菜豆SSR分子标记的开发 21
　第二节　分子标记技术在谷子中研究及应用 22
　　一、谷子种质资源遗传多样性研究 22
　　二、谷子遗传连锁图谱的构建 23
　　三、谷子数量性状基因分析 23
　　四、谷子种质资源品种鉴定 24
　第三节　分子标记技术在绿豆中研究及应用 25
　　一、绿豆种质资源遗传多样性研究 27
　　二、绿豆遗传连锁图谱的研究 28

三、绿豆基因分析及QTL分析的研究 30

第三章　菜豆品种SSR核心引物筛选 31
第一节　实验材料与方法 32
一、实验材料 32
二、实验方法 33
第二节　菜豆DNA提取的结果 36
第三节　SSR引物筛选多态性分析 36
第四节　SSR核心引物多态性分析 38
第五节　SSR核心引物有效性验证 39
第六节　小结 41

第四章　菜豆品种遗传多样性分析 43
第一节　实验材料与方法 44
一、实验材料 44
二、实验方法 47
第二节　SSR扩增产物及条带分析 48
第三节　SSR位点多态性分析 52
第四节　不同地方菜豆品种等位基因变异分析 53
第五节　菜豆聚类分析 54
第六节　菜豆群体间亲缘关系分析 57
第七节　小结 59

第五章　菜豆品种指纹图谱的构建 63
第一节　实验材料与方法 64
一、实验材料 64

	二、实验方法	64
第二节	菜豆品种指纹图谱的构建	92
第三节	单引物鉴别品种	97
第四节	小结	98

第六章 谷子SSR核心引物筛选 ... 101

第一节	实验材料与方法	102
	一、实验材料	102
	二、实验方法	103
第二节	谷子基因组的提取及检测	106
第三节	谷子SSR核心引物筛选	107
第四节	谷子SSR核心引物分析	109
第五节	小结	110

第七章 谷子种质资源的遗传多样性分析 ... 113

第一节	实验材料与方法	115
	一、实验材料	115
	二、实验方法	122
第二节	谷子SSR核心引物多态性分析	124
第三节	谷子品种遗传相似系数及聚类分析	132
第四节	不同省市（自治区）谷子品种遗传多样性分析	135
第五节	不同省市（自治区）谷子品种聚类分析	138
第六节	不同生态区谷子品种遗传多样性分析	139
第七节	不同生态区谷子品种聚类分析	140
第八节	小结	141

第八章　谷子种质资源指纹图谱数据库的构建及品种鉴别 145

第一节　实验材料与方法 146
一、实验材料 146
二、实验方法 147
第二节　谷子种质资源SSR指纹数据库的构建 147
第三节　谷子种质资源品种鉴别 153
第四节　小结 153

第九章　绿豆品种SSR核心引物筛选 183

第一节　实验材料与方法 184
一、实验材料 184
二、实验方法 185
第二节　绿豆基因组的提取及检测 188
第三节　绿豆SSR核心引物筛选 188
第四节　绿豆SSR核心引物分析 190
第五节　小结 191

第十章　绿豆种质资源的遗传多样性分析 193

第一节　实验材料与方法 194
一、实验材料 194
二、实验方法 201
第二节　SSR引物的多态性分析 204
第三节　不同核心引物在不同参试省份品种间多态性 205
第四节　绿豆品种遗传相似性分析 207
第五节　不同省份绿豆品种遗传相似性分析 221

第六节　不同省份绿豆品种聚类分析 222
第七节　绿豆品种聚类分析 223
第八节　小结 223

第十一章　绿豆种质资源SSR指纹图谱构建 227
第一节　实验材料与方法 228
　　一、实验材料 228
　　二、实验方法 228
第二节　指纹数据库的构建 229
第三节　绿豆品种身份证构建 241
第四节　小结 248

参考文献 250

第一章

小杂粮品种概述

第一节　菜豆
第二节　谷子
第三节　绿豆

在我国，粮食作物主要是谷物、豆类、薯类三种，也可以分为稻谷、小麦、玉米、大豆、杂粮五大门类。一般来讲，杂粮指的是不包含稻谷、小麦、玉米的谷物，不包含大豆的豆类以及薯类。小杂粮是相对于杂粮讲的，指的是不包含薯类的杂粮，也就是说，小杂粮指的是不包含稻谷、小麦、玉米的谷物和不包含大豆的豆类，也可以说，除水稻、小麦、玉米、大豆和薯类五大作物以外的粮豆作物都是小杂粮。现阶段，小杂粮主要有：高粱、苦荞、甜荞、谷子、燕麦、莜麦、薏仁、大麦、黍子、籽粒苋、菜豆、绿豆、红小豆、蚕豆、豌豆、豇豆、小扁豆、黑豆等。这些小杂粮的主产区一般是高原区，如黄土高原、内蒙古高原、青藏高原、云贵高原等。

科学意义上讲，小杂粮指的是生育期短、种植面积少、种植地区和种植方法特殊、有特种用途的多种粮豆。

第一节　菜豆

菜豆，又名芸豆，为豆科芸豆属（*Phaseolus vulgaris Linn*.sp）。菜豆喜冷凉湿润环境，是适宜种植在冷凉山区的耐寒豆科作物。其豆粒营养丰富，在控制质量以及素食应用方面有很大的发展潜力，深受国内外市场上广大消费者的欢迎。菜豆栽培类型多种多样，通常依据菜豆的生长习性和株型可分为直立型、蔓生型和半蔓生型；依据菜豆的花色可分为白色、浅红、紫红、紫色、浅紫、黄色等；依据菜豆籽粒的粒形可分为肾形、椭圆形、卵圆形、心脏形等。菜豆千粒重150~800g。菜豆具有耐阴、耐贫瘠、生育期短、适应性强等特点，全年均可种植，故又称"四季豆"。

一、菜豆的起源、传播、分类和组成

作为豆科一年生草本植物，菜豆以食用籽粒为主。菜豆最早出现在海拔2000m以上的地方。在中南美洲潮湿、冷凉的高山地带，生长着菜豆的野生种。多花菜豆在冷凉湿润环境中的长势优于其他环境，因此一般栽种在冷凉且耐寒的山区。欧洲和非洲的人民最开始于1500—1600年栽种，后来引入亚洲地区。公元1590年左右，菜豆被中国引进种植，主要引种的是多花菜豆和普通菜豆。在我国，最早开始种植的有云南和贵州等省份。

普通菜豆采用自花授粉的方式繁育，多花菜豆则是异花授粉。菜豆株型有直立、蔓生和半蔓生三种，由于株高测量时将菜豆植株茎拉直，因此蔓生和半蔓生型菜豆的株高一般都高于直立型菜豆。菜豆花色大多常见普通，籽粒种皮颜色多样，有单纯一种颜色的，如白色、黑色、紫色、蓝色等；也有花色的，如奶花色、红花色等。菜豆籽粒大小不同，可以分为大、中、小三种，以百粒重30g、50g、80g为临界值。菜豆籽粒形状也不一样，有扁圆、椭圆等。菜豆种子中淀粉含量最高，蛋白质次之，脂肪最低。

食用豆类是重要的食物蛋白质资源，食用豆类蛋白质含量比水稻、小麦、玉米等禾本科作物高1~3倍，比薯类高8~15倍。同时，食用豆类含有人体所需的9种必需氨基酸，因而豆类蛋白质是全价蛋白质，它们含有较多的赖氨酸、亮氨酸、天冬氨酸、谷氨酸以及精氨酸。在食用豆类的各种氨基酸中，赖氨酸很丰富，对人体需要而言，甲硫氨酸是第一限制性氨基酸。而禾本科作物刚好相反，甲硫氨酸比较丰富，赖氨酸为第一限制性氨基酸，因此在加工利用上，这两类作物可以取长补短。动物试验表明，豆类与谷类配合利用可以明显提高作物蛋白质的营养利用价值，即提高它们的生物价（BV）和利用功效比值（PER）。菜豆是主要栽培的四种杂粮豆类之一，其他三种为蚕豆、豌豆以及鹰嘴豆。研究表明不同豆类的基本营养成分，即蛋白质、脂肪、灰分和总糖的含量不同。豌豆、鹰嘴豆、菜豆及蚕豆蛋白质含量为17%~30%，脂肪含量为0.83%~6.60%，灰分含量为1.14%~4.50%，碳水化合物含量为54.72%~65.40%，且必需氨基酸的含量也不同。其中菜豆蛋白质的含量较高，约为23.58%，但脂肪含量很低，约为1.64%。

二、菜豆的生产以及分布

菜豆是世界上栽培面积仅次于大豆的食用豆类作物，几乎遍及世界各大洲。据《联合国粮农组织生产年鉴（1990年）》报道，全世界有90多个国家和地区种植菜豆，主要分布在亚洲、南美洲、中美洲、北美洲、非洲、欧洲和大洋洲。菜豆在中国种植极为广泛，北起黑龙江及内蒙古，南至海南，东起沿海一带及台湾，西达云南、贵州及新疆等省区都有栽培，主要分布在我国东北、华北、西北和西南的高寒、冷凉地区，种植面积50万hm^2，一般单产1020~1125kg/hm^2，栽培条件好的地区可以达到1500~1875kg/hm^2。其中黑龙江、内蒙古、吉林、辽宁、河北、山西、甘肃、新疆、四川、云南、贵州等为主产省区。目前生产规模较大，出口较多的是黑龙江（讷河、克山、依安、五大连池、北安、绥化、拜泉、富裕）、内蒙古（扎兰屯、阿荣、鄂伦春、莫力达瓦、林西）、新疆（阿勒泰、哈巴河、富蕴）、四川（盐源、昭觉、布托、石棉、汉源、宝兴）、贵州（威宁、赫章）等省区。其中黑龙江垦区2006年菜豆出口量占全国总出口量的30%。目前，我国已成为世界菜豆主产国，面积、产量均超过美国（26万hm^2）、加拿大（20万hm^2）等国家。

全世界菜豆种植面积264.7万hm^2，占整个食用豆类种植面积的38.3%；总产量1629.4万t，占整个食用豆类总产量的27.4%。印度是世界上最大的菜豆生产国，占世界总种植面积的37%，但总产量只有400×10^4t，占世界总产量的24.5%，平均产量为410kg/hm^2，比世界平均单产水平低33.5%。我国种植菜豆面积约为50万hm^2，居世界第3位，仅次于印度和巴西；总产量为82×10^4t，平均单产1350~1500kg/hm^2，比世界平均单产（617kg/hm^2）水平高两倍以上。

三、菜豆种质资源的收集、利用和保存

根据国际植物遗传资源研究所（IPGR）最新资料，全世界有30多个国家保存普通菜豆种质资源共计105266份，野生资源6084份。世界各国对菜豆资源的研究非常重视，国际热带农业研究中心（CIAT）对所有的菜豆资源进行了农艺性状鉴定，描述了25项植株性状和6项种子性状，并进行了初步分类，对大部分资源进行了多种抗耐性鉴定，筛选出一批抗耐性好的种质资源，提供给全世界的育种单位利用。同时还开展了菜豆遗传特性研究，他们已成功地将野生种抗豆象基因转移到栽

培种的高代品系中，获得了抗豆象的优良品系。世界上许多国家对普通菜豆种质资源进行了大量研究，取得很大进展。Escirbano等对种植在Pontevedra（西班牙西北部）地区四种不同环境下的56个菜豆品种的18个农艺性状进行了遗传多样性研究，结果表明，品种间所有性状均有显著差异，多数品种都有明显的基因-环境互作现象；广义遗传力从0.012（种子产量）到0.87（种子长度），其中鉴定出16个品种的早熟、高产、长荚、大粒等性状，具有重要的育种价值。Skroch等比较了墨西哥普通菜豆核心资源与基础保存资源的DNA标记和形态性状，比较结果显示两者差异不显著，即核心样品基本代表了基础保存资源的遗传多样性。Beebe等基于RAPD分子标记，分析了中美洲起源中心普通菜豆地方种的遗传多样性结构，结果显示分组结果与根据形态性状和农艺性状分组的结果部分一致，中美洲中心普通菜豆种质资源类型多，遗传多样性十分丰富。

自1978年中国农科院作物品种资源研究所成立以来，通过国家攻关计划，对普通菜豆种质资源进行了广泛收集，截至2003年，已进行农艺性状鉴定并编入《中国食用豆类品种资源目录》的普通菜豆资源有4029份，这些资源已入国家种质库保存。我国科技工作者对普通菜豆种质资源进行了大量研究。核心种质的构建不仅是提高种质资源利用效率的有效途径，为作物种质资源的管理、研究和利用提供了极大的便利，而且对作物起源演化和多样性研究具有重大的理论意义，也对高效发掘作物优异种质、促进作物遗传改良具有重要价值。

第二节 谷子

谷子（*Setaria italic*）古称粟、稷，去壳后称小米，属禾本科狗尾草属，是一种自花授粉的食饲两用农作物。谷子作为我国乃至世界主要的农作物之一，从新石器时代开始至今有9000多年的驯化史。谷子广泛种植于世界各地，在非洲的尼日利亚、喀麦隆、尼日尔，亚洲的中国、印度、阿富汗、巴基斯坦，南美洲的阿根廷以及大洋洲的澳大利亚等的干旱和半干旱地区均有分布。

谷子新品种的培育是以多样的种质资源为基础的。然而，在育种过程中人们总是按照某一特定的目的和方向进行物种选育，随着育种时间的推移和育种强度的加大，所能用到的遗传基础变得越来越窄。此外由于以下两个原因致使作物的多样性变异失去了原本的条件，遗传基础不断缩小：①育种父母本的选择总是集中于具有良好的某一个或者多个性状以及对当地条件最适宜的少数优势品种上；②农作物产业化进程的加快导致农田环境的多样性日益削减。随着时间的推移，育种工作的难度不断增加，使发掘、搜集、整理和保存作物种质资源的必要性日益增加。

中国作为亚洲地区谷子的主产区，拥有着极具多样性的种质资源。为了充分挖掘我国谷子种质资源的多样性，为高产、抗病谷子品种的选育奠定基础，近年来育种工作者在谷子种质资源多样性的保护与挖掘方面做了大量工作，在考察、收集及保存谷子种质资源以及优异品种的鉴定和评价方面投入了大量的时间与精力。分子生物学工作者在谷子遗传连锁图谱构建、功能基因的定位以及克隆等方面也取得了很大的成绩。

一、谷子的起源、传播、分类和组成

人们广泛认为在8000年前中国北方的谷子主要是由野生型青狗尾草驯化演变而来。古代文献、出土的考古实物以及存在的谷子相关近缘野生种等都可以为"谷子起源于中国"这一观点提供可靠的有利证据。从出土的距今已有六七千年的陕西半坡村、河北磁山、河南裴李岗等遗址来看，在早期的新石器时代，谷子就已经在中国的黄河流域有了广泛种植；随后，在商朝时期，谷子被作为主要的粮食作物；欧洲大陆也存在与谷子相关的考古资料，7000年前的瑞士湖滨居民遗址中发现有谷子存在。然而，与古代世界谷子相关的文献记载却很少。

古有农谚"只有青山干死竹，未见地里旱死粟"，由此可见，谷子有着较高的抗旱耐盐性、耐瘠薄性、耐储藏等优势生理特征，在当前农作物种植结构调整中突显出了越来越强的优越性，有着广阔的发展前景。其秸秆（谷草）和籽粒（小米）与其他粮食作物相比，都具有更全面的营养。随着大众保健意识的不断增强，健康食品的需求量逐年上涨，营养丰富的小米便顺理成章地成为人们消费的新宠。谷子曾在新中国成立初期人民的吃饭问题和中国革命中扮演着重要角色，被作为当时战略储备的粮食作物。作为我国的民族作物，谷子被认为可用来应对未来严峻的干旱形势，逐步在我国现代化农业生产技术体系建设中占据重要地位。

作为黍型物种的一个驯化品种，谷子具备抗旱耐瘠性良好、节水性突出、生长周期短、基因组小以及营养丰富等优越性，在国民经济和作物遗传研究中占有不可替代的重要位置。其优越性主要表现在以下三个方面。

其一，谷子的适应能力极强，抗旱节水性较为突出。在干旱少雨地区，农作物种植首选谷子，可以有效地促进旱地农业的可持续发展。其抗旱节水性主要体现在萌发时所需的水分相对较少，仅为其种子质量的26%，而小麦、玉米等萌发所需的水分均在其种子质量的43%以上。同时，谷子还有着较低的蒸腾系数和较高的蒸腾效率，每生产1g干物质所需的水分（257g）要比高粱（305g）、玉米（369g）和小麦（510g）都要少。谷子特有的形态特征在很大程度上造就了它罕见的高抗旱性：①谷子具有发达的根系，它们纵横交错，使得谷子即使在干旱期也能充分地吸收利用分散在土壤中的水分；②具有发达的表皮细胞和较厚的细胞壁，使得水分不易蒸发，抗旱性大大提高。

其二，谷子为二倍体作物，具有生育期短、基因组小和自花授粉等优势。生育期一般在60~130d，每一穗都能产生数以百计的籽粒；而且易于栽种，能在露天、温室大棚或培养箱中种植，密度可达100株/m^2。作为一种自花授粉的C_4植物，其染色体数目较少（$2n=2x=18$），基因组也相对较小，单倍体仅约470Mb。其基因组略大于水稻基因组（430Mb），而与玉米（2500Mb）、珍珠粟（2352Mb）等黍亚科农作物的基因组相比却要小很多。其基因组的重复序列也相对较少，在进化上与水稻、小麦、玉米等禾本科作物具有较近的亲缘关系。再加上我国具有较为丰富多样的谷子种质资源，因此，谷子可以作为遗传学和分子生物学研究的较佳材料，可进一步用于抗逆性研究以及基因组解析，也有望成为C_4植物和能源作物的模式作物。

其三，谷子还是一种营养均衡食物，在禾谷类作物中的营养价值最高。谷子去皮后称"小米"，小米性甘微寒，含有维持人体正常生命活动所需的糖类、膳食纤维、维生素、脂肪酸、铁、硒等营养物质，具有食疗保健方面的作用，是大众保健的首选粮食作物。籽粒的营养价值非常高，自身有一定的药用价值，谷子因此受到越来越多人的认可和喜爱。谷子淀粉含量在61%左右，含有较高的蛋白质、脂肪、维生素等，谷子除了脂肪含量低于玉米的以外，其他营养物质含量比其他主要作物的含量都高，尤其是维生素和膳食纤维。

谷子是传统的优势作物，是典型的环境友好型作物，虽然谷子在我国已不再是主要的粮食作物，但在北方干旱地区仍是重要的粮食作物。谷子不仅在旱作生态农业领域具有重要地位，而且对缓解日益严重的水资源短缺问题，保障干旱、贫瘠地区的粮食安全起着非常重要的作用。谷子作为人们饮食中的杂粮品种，营养丰富、籽粒价值高，谷糠是上等饲草料。谷子新品种的培育不仅为人们的饮食结构增加了品种，还为畜牧养殖提供了优质饲草。在环境条件满足其生长发育需要的地方引进适应性好、抗逆性强、谷穗质量大、质优、高产的谷子品种，综合各品种农艺性状、抗盐性、耐旱性、经济效益的总体表现，推广谷子新品种。

二、谷子的生产和分布概况

我国谷子栽培范围辽阔，自然条件复杂，栽培制度不同，形成了地域间的差异。根据种植的气候环境与地理环境差异，目前将谷子划分为东北平原、华北平原、黄土高原和内蒙古高原4个生态型。其中东北平原生态区包括黑龙江、吉林、辽宁、内蒙古自治区东部。华北平原生态区包括河南、河北、山东等省市。内蒙古高原生态区包括内蒙古自治区一部分、河北张家口地区、山西雁北地区。黄土高原生态区包括山西（雁北地区除外）、陕西、宁夏、甘肃等省区。

生态区划分可以充分反映不同区域的谷子品种和栽培特点，了解谷子生态区划，对于了解谷子的适应性以及引种都有积极的意义，谷子是短日照喜温作物，对光照和温度比较敏感，通常谷子品种适应性低，相互引种范围小，异地引种特别是快生态区引种会引起品种特性发生较大的变化，不能盲目引种，但是相似生态条件地区，谷子品种可以互换引种。

我国作为世界上小米生产大国，产量占世界年产量的80%。据国家统计局最新数据表明，目前，我国小米种植面积达77.180万hm^2，总产量高达180.90多万t。黑龙江省是我国小米的主要产区之一，龙江县是黑龙江省主要的谷子种植基地，近年来与河北省农科院进行技术合作，年种植面积2万余hm^2，有成熟的谷子种植和加工经验。黑龙江省主要种植的谷子品种有红谷子、大金苗、张杂谷等品种。

多年来，由于种植谷子的经济效益低下，谷子种植面积持续下滑，目前多数农户是为解决自己口粮而少量种植，而且品种老化、退化的问题越来越严重，给谷子的一体化生产带来极大的不利影响。随着人民生活质量的提高，饮食结构的改善必然受到更多的关注，五谷杂粮作为饮食结构调整中主食的重要替代物，谷子丰富的营养价值和合适的口感得到越来越多人的认可，但是很大一部分种植的谷子存在产量不高、质量不能满足人民群众需求的问题。

谷子作为小杂粮作物，在目前种植结构中占有重要地位，但是主要以传统方式进行种植，人工间苗和除草是制约谷子生产的一个重要因素。随着科技的进步和社会的发展，免间苗播种机的使用和推广，加上抗除草剂种植资源的配合应用，在很大程度上解决了谷子规模间苗和除草难等问题，有效提高了谷子产业水平的发展。

近年来各地不断地培育谷子新品种，河北省培育的衡谷系列品种，在河北省邯郸、衡水、邢台等地种植，均表现出了抗旱、高产的特点。张家口培育出的张杂谷系列品种，创造了高产纪录。山西省培育"东方亮""比州黄""金谷子""珍珠黄""神山贡米"等具有浓郁地方特色的谷子品种，其中晋谷21的品质良好，获得全国农博会金奖、银奖，深受广大群众喜爱。发展谷子产业化，为我国农业产品谋求新的出路，具有重大的生产和实践意义。

位于我国东北部的黑龙江省，雨热同季，夏季气温较高、降水少，春季大风天多，土壤中富含多种矿物质以及营养物质，地势平坦辽阔，比较适合谷子种植，且适合其机械化、标准化大规模生产。在国家种植业结构调整的大趋势下，黑龙江省"镰刀弯"区域的种植业结构及加工业也发生了明显的变化。黑龙江省小米的加工和小米食品的开发迎来了新的机遇与挑战。增加谷子的种植面积和产量是种植业调整措施之一。黑龙江省龙江县获得了国家绿色食品生产基地认证，龙江小米已成为农产品地理标志产品，具有独特的营养和保健作用。

三、谷子种质资源的收集、利用与保存

中国是世界上拥有最丰富谷子资源储量的国家。据统计，我国已鉴定的谷子遗传资源有27059份，其中国内26536份，国外523份。粳质品种24225份，占89.5%；糯质品种2834份，占10.5%。各地种质资源保护单位负责本区域种质资源的繁育和保存工作。在中国的谷子种质资源主要分布为：河北6276份，占23.65%，山西

5859份，占22.0%，山东3720份，占14.0%。由此可见，鉴定适合我国各地的谷子品种是十分必要的，通过引进不同地区的种质资源，有助于筛选符合当地生态条件的优异品种，对于促进农业农村的发展有重要的战略意义和实用价值，对于农民脱贫致富也起到一定的积极作用。

1949—1952年，我国以征集品种资源、评选良种为基础，结合推广有机无机肥料，开展以全苗密植为中心的科学技术研究，使谷子生产量迅速提高。20世纪50年代阻碍谷子生产的主要问题是种质资源有濒临绝种的危险，所以全国组织进行大规模的全面的品种收集，并且开展评选农家良种运动。同时，各科研单位在此基础上，采用系统和混合育种的技术，进行优中选优，提纯复壮，加速繁殖原种，并加以推广普及。

20世纪70年代良种更新，经过农民多年旱地种谷经验，逐步摸透谷子的生物学特性，总结出了许多高产经验，而且科学技术在这个阶段也有了质的突破，科技人员通过试验，对谷子的生理特性与水、肥、光、温等环境条件的关系进行验证。

进入20世纪80年代，中国步入到了"六五"期间，谷子列为农业部重点研究项目，"七五"期间，谷子进一步被列为主要作物育种的国家攻关项目。经过8个省市区谷子科技人员联合攻关，完成了几项较大的突破，譬如培育高产、优质、抗性好、适应性广的新品种15个，这些品种在当时具有突破性的历史意义；而且创造性地应用核隐形高度雄性不育系，推广谷子两系杂交成功，发现谷子CH型显性雄性不育基因。

第三节　绿豆

绿豆［*Vigna radiate*（L）*Wilczek*］是属于豆科（Leguminosae）蝶形花亚科（Papilionaceae）菜豆族（Phaseoleae）豇豆属（*Vigna*）的一年生植物。染色体数为$2n=2x=22$。因其颜色青绿，又有青小豆、菉豆、植豆等别名。英文名为mung bean或者green gram。绿豆是短日照作物，全生育期一般在70~110d，属于一种性喜温热气候的豆科植物，在生育期间需要较高的温度。一般在8~12℃，绿豆种子开始发芽。此外，绿豆在其生育期间需水量比较多，特别是在开花前后时期需水量最多。绿豆属于一种不耐涝的豆科植物，田间种植排水不良容易造成倒伏和烂荚，尤其在雨季期间，积水超过3d左右就会枯萎死亡；与此同时，在干旱的环境下会造成绿豆落花、落荚而减产。由于绿豆具有生育期短、抗逆性强、固氮的能力，在农业生产中常被用作禾谷、棉花、薯类等作物间套种的适宜作物，用于农民增产增收；绿豆也是良好的减灾救荒的填闲作物。绿豆营养丰富，富含蛋白质、淀粉，脂肪含量低，还具有一定的医药和保健作用，绿豆清热之功在皮，解毒之功在内。绿豆在东南亚国家被视为是一种调节营养平衡的重要营养补充粮。此外，绿豆还可被进一步生产加工成豆芽菜、绿豆早餐罐头、绿豆粥罐头、绿豆酒、绿豆糕等多种营养食品。其中，绿豆芽菜是人们在日常生活中摄取维生素和矿物质的一个重要来源；绿豆汤是家庭常备夏季清暑饮料，清暑开胃，老少皆宜。

近年来，无论是国内还是国际市场对绿豆的需求量都呈现出逐年增加的趋势，绿豆出口量基本维持在每年15万~23万t，占我国粮食作物总出口量的1%~2%，创汇约1亿美元，占我国粮食作物出口创汇总额的4%~5%，并且呈现出一种逐年稳步上升的趋势，是绿豆生产区农民增产增收的重要经济来源之一。

一、绿豆的起源、传播、分类和组成

绿豆是人类栽培的最古老的食用豆类作物之一，也是亚洲种植面积增长最快的豆类作物之一，尤其在印度、缅甸、越南等南亚和东南亚国家。关于绿豆的起源学说有很多版本。据《栽培作物的起源》记载，最早在1886年，德·康德尔（De Candolle）认为绿豆起源于印度及尼罗河流域。在《育种的理论基础》一书中，瓦维洛夫认为绿豆起源于印度及中亚中心。据《旧约》文献记载，早在公元前1000年希伯来人就已经开始广泛种植绿豆了。据《中国食用豆类品种志》记载，绿豆是起源于我国的一种重要粮食作物，已有2000多年的栽培历史，主要在我国的黄河和淮河流域、长江下游及东北、华北地区种植，拥有丰富的种质资源。在古籍《齐民要术》《吕氏春秋》中有关于绿豆栽培技术的记载。据《本草纲目》记载："绿豆颜色绿，豆类中属木，三四月下，苗高一尺左右，叶小且有毛，开小花，结荚成果"。1898年德国学者布特施奈德（E.Bretschneider）在对绿豆的起源与栽培历史进行考证的过程中，认为绿豆最早起源于我国广州一带。刘长友等对中国作物种质资源数据库中的5072份绿豆资源的地理区域分布进行了分析，并对其中的14个性状（包括8个数量性状和6个质量性状）进行了遗传多样性分析，初步推断认为 $35\sim43°N \times 111\sim119°E$ 是中国绿豆资源遗传多样性中心所在的范围。Tomooka等对来自亚洲不同国家和地区的581份绿豆种子进行蛋白质电泳分析，推断认为西亚（阿富汗、伊朗、伊拉克）是绿豆种子蛋白的多样性中心，并提出绿豆从印度传到东部的两条可能路径：一条是从印度或西亚经过丝绸之路传播到中国；另一条是从印度传播到东南亚国家。现在绿豆的种植区域已经大面积扩展到了东亚各国，在非洲、欧洲、美国也有少量种植，中国、缅甸等国是绿豆出口的主要国家。

目前，大多数国内外专家学者普遍认为东南亚是绿豆的起源中心或者是最主要的多样性中心。绿豆广泛种植于热带、亚热带和温带的一些高海拔地区，传播路线如下：印度→中南半岛、爪哇等地→非洲大陆（经马达加斯加）→非洲中部和东部（近代时期）→欧洲（16世纪）→美洲。日本约17世纪从中国引入。亚洲是绿豆的主要栽培区域，其中尤以印度、中国、泰国等国家栽培最为广泛，种植区域比较少的国家主要集中在欧洲、非洲和美洲。此外，近年来绿豆常被作为最重要的豆类作物在印度、泰国、印度尼西亚、菲律宾、缅甸、孟加拉国、斯里兰卡种植；而在中国、马来西亚和韩国等地均被视为小宗作物。

根据形态学特征（籽粒颜色、籽粒大小、种皮光泽度、生育期、结荚习性、生长习性），绿豆的分类情况具体信息见表1-1。

表1-1 绿豆的分类情况

形态学特征	类型
籽粒颜色	绿色、黄色、褐色、蓝色和黑色
籽粒大小	大粒型（百粒重6g以上）、中粒型（百粒重4～6g）和小粒型（百粒重4g以下）
种皮光泽度	明绿豆（种皮上有蜡质，有光泽）和毛绿豆（种皮上无蜡质，无光泽）

续表

形态学特征	类型
生育期	早熟种（生育期70～100d）、中熟种（生育期100～115d）和晚熟种（生育期115d以上）
结荚习性	有限型、亚有限型和无限型
生长习性	直立型、半直立型和蔓生型

绿豆高蛋白、低脂肪，含有多种人体需要的营养成分，在中医学营养均衡饮食结构的层面认为绿豆性味甘寒，有清凉解毒、止泻利尿、消肿下气、除烦热和滋补强身等药食同源的双重功效，越来越受到人们的广泛关注，被广泛食用。绿豆的营养成分以蛋白质为主，蛋白质总量占60%以上，这些蛋白质种类大体上有四种，包括球蛋白、谷蛋白、清蛋白和醇溶谷蛋白，其中以球蛋白和清蛋白为主。绿豆种子中蛋白质的具体组分及含量以及绿豆的营养成分组成情况见表1-2和表1-3。此外，绿豆还含有人体所需要的多种氨基酸，维生素，铁、钙、磷等多种矿物质，其铁含量在各种粮食作物中为最高。

表1-2　绿豆种子蛋白质组分及含量

球蛋白		谷蛋白		清蛋白		醇溶谷蛋白	
均值	占粗蛋白/%	均值	占粗蛋白/%	均值	占粗蛋白/%	均值	占粗蛋白/%
13.35	53.5	1.25	1.0	3.82	15.3	3.41	13.7

表1-3　100g绿豆的营养成分组成

成分	含量	成分	含量
蛋白质	21.60g	钾	787.00mg
膳食纤维	6.40g	钙	81.00mg
脂肪	0.80g	铁	6.50mg
维生素E	10.95mg	锌	2.18mg

续表

成分	含量	成分	含量
碳水化合物	55.60g	磷	337.00mg
维生素 B_2（核黄素）	0.11mg	钠	3.20mg
维生素 B_1（硫胺素）	0.25mg	镁	125.00mg
胡萝卜素	130μg	锰	1.11mg
烟酸	2.00mg	铜	1.08mg
视黄醇	22μg	硒	4.28mg

资料来源：中国预防医学科学院营养与食品卫生研究所《食物成分表》。

二、绿豆的生产和分布概况

绿豆主要集中在热带、亚热带和温带地区种植，尤其是在中国、印度、泰国、缅甸、印度尼西亚、菲律宾等这些亚洲国家栽培较多，随着国际市场对绿豆的需求量不断加大，美国、澳大利亚和巴西等国家的绿豆种植面积也呈现出逐年上升的趋势。印度的绿豆生产总量为世界最大，紧随其后的是中国。中国作为世界上最大的绿豆出口国之一，每年的产量在80万~90万t，占世界绿豆总生产量的30%左右，平均每年出口量在15万~23万t，主要出口在越南、印度、韩国、日本（每年从中国进口绿豆4万~5万t，占日本绿豆年进口量的80%以上）、菲律宾和中国香港等亚洲国家和地区以及法国、英国、加拿大和美国等欧美国家。

新中国成立后，绿豆的种植大致经历了高→低→高的变化阶段。具体体现为：第一阶段（高），在20世纪50年代初这段时间里，中国的绿豆无论是栽培面积、总产量和出口量都是位居世界第一位；第二阶段（低），从20世纪50年代末期开始逐渐减少，一直持续到20世纪70年代中期，期间最为严重的时候只有零零星星的种植；第三阶段（高），从20世纪70年代末期一直到现在，随着国内外市场对绿豆需求量的不断增加，各种绿豆的科学栽培技术的推广实施以及经过科技工作者培育选育出来的各种改良新品种的出现，促进了绿豆的种植面积和绿豆的产量提高，逐步恢复了之前的种植面积。

三、绿豆种质资源的收集、利用和保存

农作物种质资源的收集、利用和保存一直以来受到各个国家的高度重视，印度、泰国、菲律宾、缅甸、越南等南亚和东南亚国家作为绿豆的主产国，在20世纪末期开始比较系统地开展对绿豆种质资源的收集和保存工作，与此同时，国际农业研究机构中的国际干旱地区农业研究中心（ICARDA）和亚洲蔬菜研究与发展中心亚洲区域中心（ARC-AVRDC）也开展了对绿豆种质资源的收集和研究等相关工作。其中，国际生物多样性中心（Biodiversity International）指定的绿豆资源保存中心——亚洲蔬菜研究与发展中心亚洲区域中心（ARC-AVRDC）是目前世界上最大的集绿豆种质资源的收集、保存与研究为一体的综合研究机构。迄今为止，该机构共整理收集和保存的绿豆种质资源有6000余份，从中筛选和选育出了一些珍贵的具有抗虫、抗旱、抗倒伏、抗低温等耐逆特性的绿豆种质资源以及一批具有适应性广、高产稳产等优良农艺性状的绿豆新品系。此外，泰国、美国农业部引种站、国家植物资源管理局、印度旁遮普农业大学和美国密苏里大学也整理收集和保存了3000余份的绿豆种质资源。

这些工作极大地丰富了绿豆的基因库，为后续的新品种选育、生物技术研究、遗传研究和农业生产等各项研究的开展奠定了坚实的基础。

第二章

分子标记技术在小杂粮中的研究及应用

第一节　分子标记技术在菜豆中研究及应用
第二节　分子标记技术在谷子中研究及应用
第三节　分子标记技术在绿豆中研究及应用

近年来，分子生物学的快速发展促使生命科学的研究产生了许多新型、有效的技术方法，分子标记就是其中之一。分子标记（molecular markers）有广义和狭义两种，广义的分子标记是指可遗传并可检测的DNA序列或蛋白质；狭义的分子标记仅指DNA标记，能够直接反映个体间核苷酸分子间的多态性。DNA分子标记拥有多方面的优越性，譬如数量丰富、多态性高、标记共显性、检测手段简单迅速等。

DNA分子标记技术的主要应用对象是样品的DNA，也就是含有遗传物质的基因片段，对农作物基因中碱基序列差异进行分析，最终达到鉴定、区分农作物品种的目的。

限制性片段长度多态性（restriction fragment length polymorphism，RFLP）标记由Grodzicker等创立于1975年，是研究最早的一类分子标记技术，标记数量大，可以区别纯合型基因或者杂合型基因，但操作复杂，费用昂贵，需要使用放射性同位素，有害人体健康，因此限制了其在分子标记中的应用。

随机扩增多态性（random amplified polymorphism DNA，RAPD）标记由Williams和Welsh在1990年创立，灵敏度高，检测成本低，只需要少量的DNA样品即可，但存在基因迁移的可能性，因此重复性较差。

扩增片段长度多态性（amplified fragment length polymorphism，AFLP）标记由Zabeau在1993年创立，是一类与聚合酶链式反应（polymerase chain reaction，PCR）技术紧密结合的分子标记技术，具有较好的重现性，适用范围广，但是试剂盒价格昂贵，实验成本高，要求提取出的DNA纯度极高，实验人员的工作难度较大，此外，AFLP技术已经被一些国家申请专利，因此该技术在商业及生产上的应用推广存在一定的限制性。

简单重复序列（simple sequence repeat，SSR）又称微卫星序列，是在真核生物中普遍存在的一段由1~6个碱基组成的重复序列，每10~50kb就存在一个微卫星。SSR技术主要利用基因中SSR序列两端具有保守性的特点为其设计引物，经PCR扩增后进行聚丙烯酰胺凝胶电泳或者浓度较高的琼脂糖凝胶电泳以分析DNA的多态性。SSR标记与PCR技术紧密结合，是当前应用时间最长，涉猎范围最广的新型DNA标记技术，具有结果重复性好、可信度高、操作简便、成本低等特点。与此同时，目前有一部分作物的SSR序列已经公布，可以供人们直接使用，并且随着SSR位点的不断开发，该技术必将成为作物品种鉴定、指纹图库构建等领域的中坚力量。

简单重复序列区间（inter-simple sequence repeat，ISSR）是Zietkiewicz等于1994年发展起来的一种微卫星基础上的分子标记。ISSR引物的开发不像SSR引物那样需测序获得SSR两侧的单拷贝序列，开发费用降低。与SSR标记相比，ISSR引物可以在不同的物种间通用，不像SSR标记一样具有较强的种特异性；与RAPD和RFLP相比，ISSR揭示的多态性较高，可获得几倍于RAPD的信息量，精确度几乎可与RFLP相媲美，检测非常方便，因而是一种非常有发展前途的分子标记。ISSR标记已广泛应用于植物品种鉴定、遗传作图、基因定位、遗传多样性、进化及分子生态学研究。

单核苷酸多态性（single nucleotide polymorphisms，SNP）主要分为基因芯片技术、探针（TaqMan）技术、分子导标技术和焦磷酸测序法等。基因芯片技术具有高通量，一次可对多个SNP进行规模性筛选，被检起始材料也很少，操作步骤简单等优点。但芯片设计成本高，由于DNA样品的复杂性，有些SNP不能被检。TaqMan技术和分子导标技术虽然操作简单，可以自动化，但不能达到高通量分析，荧光探针费用高。焦磷酸测序法自动化程度高，通量大，速度快，易于建立标准化操作，适合大规模SNP研究及基因分型。

相关序列扩增多态性（sequence-related amplified polymorphism，SRAP）是一种新型的基于PCR的标记系统，为显性标记。该标记具有简便、高效、产率高、高共显性、重复性好、易测序、便于克隆目标片段的特点。已成功应用于作物遗传多样性分析、遗传图谱的构建、重要性状的标记以及相关基因的克隆等方面。

序列特异性扩增区域（sequence-characterized amplified regions，

SCAR）标记通过RAPD、SRAP、SSR标记转化而来。相对于RAPD标记，SCAR标记所用引物较长且引物序列与模板DNA完全互补，可在严谨条件下进行扩增，因此结果稳定性好、可重复性强。由于上述优点，SCAR标记成为分子标记在育种实践中能直接应用的首选标记，实际上，它也是标记辅助育种中可以直接应用的一类标记。在近几年的研究中，很多RAPD标记、RFLP标记、AFLP标记以及一些SSR标记已成功转化成SCAR标记，并得到了较好的验证。

目前，RFLP、AFLP、RAPD、SSR这四种DNA分子标记技术已经得到广泛应用，分析结果都能够直观地通过DNA表达出来，季节、环境对其影响较小，基因特征数量多且多态性高，表现中性，不会影响性状的表达，但是在实际的应用过程中，这四种分子标记技术都具有不同的特性。RFLP在多态性检测方面不够灵敏，操作复杂且操作条件要求较高，需要使用放射性同位素；RAPD在结果的重复性以及准确性方面存在不足，可靠性中等；AFLP要求在农作物样品中提取出的DNA纯度较高，对酶的质量及实验设备精度要求较高；SSR技术则是在引物的开发方面费用较高。

第一节　分子标记技术在菜豆中研究及应用

一、菜豆种质资源遗传多样性研究

Homar R等通过使用AFLP标记和SSR标记分析菜豆种质资源的多样性，表明墨西哥中部地区和恰帕斯州菜豆种质资源的多样性最高。国外有利用SSR标记开展菜豆遗传多样性的研究与核心种质筛选的报道。Burstin、Ford等对15份澳大利亚菜豆栽培资源和5份野生菜豆资源利用12对位点专一性SSR标记引物和随机扩增微卫星（random amplified micro-satellites，RAMS）标记进行遗传多样性分析，通过聚类分析，野生种和栽培品种资源有明显区别。

二、菜豆遗传连锁图谱的研究

普通菜豆的首个连锁图谱是由Lamprecht在1961年构建；随着分子标记技术的发展和应用，Vallejos等在1992年构建了第一个基于分子标记的遗传图谱；Freyre等于1998年根据前人研究结果，将三张基于RFLP构建的图谱，和几张基于RAPD构建的图谱整合成一张包含了120个RFLP标记、430个RAPD标记、少量同工酶和形态标记，总长为1226cM的整合图谱；随后，大量遗传图谱陆续构建，这些图谱大多选用了不同的亲本，用途各异，标记类型也有所不同。例如，Park等在2000年构建的遗传图谱，主要用于粒长、粒宽和粒重的研究；Tar'An等2002年构建的图谱主要用于开花期、成熟期、产量、籽粒大小等性状研究；Johnson和Gepts在同年利用所构建的图谱，对成熟天数、日均生物量、籽粒产量以及收获指数等进行了数量性状基因（quantitative trait locus，QTL）定位，并对QTL上位性互作进行讨论；Beattie等于2003年构建的遗传图谱包含了105个RAPD、SSR和序标位（sequence tagged sites，STS）标记，总长641cM，分布于8个连锁群，用于开花期、成熟期和产量相关性状的研究；2006年，Blair等利用一个栽培种与野生种的回交群体构建的遗传图谱，开展了产量相关性状的QTL分析；Pérez-Vega等于2010年，利用来自相同基因库的亲本杂交产生的一个F7重组自交系群体，构建了一张包含了175个AFLP标记、27个SSR标记、30个SCAR标记、33个ISSR标记、12个RAPD标记以及13个编码籽粒蛋白的位点和4个基因的遗传图谱，图谱总长1043cM，分布于11个连锁群上，找到41个与不同性状相关的QTL；2012年Yuste-Lisbona等构建了一张包含了193个位点，覆盖12个连锁群，标记间平均长度为4.3cM，总长为822.1cM的遗传图谱，主要用于普通菜豆豆荚性状的研究。2014年美国研究者率先公布完成对普通菜豆G19833（安第斯基因库）的全基因组测序，并完成普通菜豆全基因组序列框架图的构建；2016年墨西哥生物多样性基因组学国家实验室完成了对普通菜豆BAT93（中美基因库）的全基因组测序。

三、菜豆SSR分子标记的开发

SSR引物开发方法有多种，常见的有数据库检索法、微卫星富集法、构建与筛选基因组文库以及省略筛库法等。国外利用基因组文库法，开发出许多菜豆SSR标记引物，而我国在利用SSR标记研究菜豆时大多是利用国外已开发的标记，或是利用其他近缘物种的通用性SSR引物。目前我国学者自主开发的菜豆SSR引物较少。丁丽红运用磁珠富集法开发出14个菜豆SSR标记，SSR标记引物扩增条带清晰，14对引物平均多态性信息含量是0.47，说明所开发的14个SSR标记多态性良好，可以进一步用于遗传分析。Gaitan Solis等开发出68个SSR标记，并对21份普通菜豆进行多态性研究，多态性信息含量范围在0.09~0.94，每个引物平均有6个等位基因。结果表明，已开发出的微卫星用于评估菜豆遗传多样性是有价值的遗传标记。陈明丽等开发出421个普通菜豆基因组SSR标记并研究其通用性，其中185个SSR标记在豇豆中能有效扩增，161个SSR标记在小豆中能有效扩增，豇豆和小豆的多态性比率分别为34.0%和24.8%。菜豆基因组SSR标记的开发通用性研究，为其他作物的多样性评价和连锁图谱等方面的研究奠定了坚实的基础。

上述结果表明Gaitan Solis等开发出的菜豆标记较多且其引物多态性信息含量较高，对菜豆的遗传多样性等研究有较高的应用价值。而陈明丽等开发的菜豆SSR标记对小豆和豇豆的通用性研究表明菜豆SSR标记通用性较好。在研究其他近缘物种的SSR标记时，是否可将近缘物种的SSR标记用于菜豆，有待于深入研究。

第二节　分子标记技术在谷子中研究及应用

一、谷子种质资源遗传多样性研究

遗传多样性主要是指种内不同居群之间或同一居群不同个体之间的遗传变异的总和。对谷子种质资源的遗传多样性进行可靠、快捷、精确地分析，了解种群之间的遗传距离，为谷子资源的充分利用、科学育种及遗传学研究提供重要依据。以往通过地理来源、系谱关系及有限的表型鉴定数据，很难区分数以万计的谷子品种资源。伴随着分子标记研究的不断发展，利用分子方法标记等位基因并计算遗传距离，已成为物种遗传多样性研究的热点。随着谷子SSR标记大量开发，将其应用于遗传多样性的研究也屡见报道。郝晓芬等应用小麦的120对SSR引物，对中国96个谷子品种的遗传多样性进行分析，筛选得到扩增稳定、重复性好且具有多态性的引物5对，共34个多态位点，平均多态性信息含量（polymorphism information content，PIC）值为0.17324。通过聚类分析，将96个谷子品种分成5类，各类中均有采自不同生态地理类型的谷子品种，但未发现分类与不同生态地理类型之间的相关性。该研究结果与王节之等的遗传多样性与地理类型之间有一定规律性的结论不一致，聚类结果可能与熟期、籽粒灌浆饱满有一定关系，与穗型、谷色无关。朱学海等利用均匀分布于谷子9条染色体上的21个SSR标记，在120份谷子核心种质中扩增出等位变异305个，每个位点平均PIC值为0.809。通过非加权组平均法（unweighted pair-group method with arithmetic means，UPGMA）聚类，将120份样品划分为4个类群，发现与来源地生态类型保持一致。杨天育等以中国北部高原生态区的6个农家品种及14个育成品种为材料，利用60对谷子SSR标记，分析其遗传差异。通过聚类分析，将20个品种划分为四大类，6个农家品种分别属于三大类，可以看出农家品种的遗传差异较大，说明农家谷子品种中基因资源丰富，是谷子育种的重要资源。总体而言，应用SSR标记技术可有效地鉴别谷子品种的起源和多样性，并且可以比较有效地区分不同来源地及不同生态类型的谷子品种。

二、谷子遗传连锁图谱的构建

作为基因组学研究的基础，遗传图谱是由遗传重组所得到的基因线性排列图，说明了少数功能基因与遗传标记之间的相对关系。图谱构建时，一般将SSR标记作为锚定标记，因为其共显性、位点稳定且多态率高等特点，有益于整合不同连锁群和图谱连锁群或染色体的归并。基于SSR标记技术所构建的谷子遗传连锁图谱，更有利于从分子水平上对谷子的农艺性状进行进一步了解，对基因定位、克隆、基因组结构与功能的研究以及重要性状的遗传分析具有重要意义。杨坤等利用120个以青狗尾草N10与谷子栽培品种大青秸杂交获得的单株F_2群体作为样品，构建SSR标记的谷子连锁图谱，46个标记分布在10个连锁群上，总长度为916cM，标记间平均距离为19.91cM。每个连锁群长度为22.6~179.7cM，平均连锁群长度为91.6cM，每个连锁群中包含2~9个标记。

三、谷子数量性状基因分析

在谷子基因组中，SSR位点分布随机且均匀，因此可利用QTL和SSR位点存在的连锁关系，对该基因进行功能和定位研究。郝晓芬等为寻找谷子光敏雄性不育基因，通过166对SSR引物对谷子光敏不育系GM及恢复系恢东1号两亲本间进行筛选。在亲本间存在差异的引物共61对，其中一对引物b159与目的基因连锁，最终将光敏雄性不育基因定位于第6染色体，连锁距离为13.5cM。杨坤等通过所构建谷子遗传连锁图谱对穗颈长等5个主要农艺性状的QTL进行分析，共得到12个QTL。其中3个农艺性状的QTL出现富集现象，经相关分析表明3个性状之间呈极显著正相关。王晓宇等选取表型差异较大的沈3及晋谷20 F_2为作图群体，利用SSR分子标记，通过观测穗长、株高、穗重等性状进行QTL分析。被整合的54个SSR标记构建10个连锁群，检测到2个与株高相关的主效QTL，1个穗长主效QTL，与穗重、粒重相关的主效QTL为同一位点。谷子表型控制复杂，相关QTL的检测受环境影响较大，不同连锁群QTL间交互作用明显。

四、谷子种质资源品种鉴定

在各种DNA分子标记中，利用SSR分子标记进行种子鉴定，具有很多优越性。SSR在作物种内或种间具有良好的保守性，因为SSR标记技术灵敏度和重复性高、操作简单、稳定性好，已成为构建遗传图谱、基因定位等研究的理想工具，被广泛应用于许多作物的基因组作图、基因定位、系谱分析及分子标记育种、DNA指纹和品种鉴定、种质资源保护和利用等方面。SSR标记符合作物品种鉴定的4个基本准则：环境的稳定性、最小品种内变异性、品种间变异可识别性和试验结果的可靠性。SSR标记技术是一种比较理想的品种鉴定技术，已在小麦、玉米、花生等作物中展开大量的研究和应用。目前，SSR标记技术已成为水稻（NY/T 1433—2014《水稻品种鉴定技术规程　SSR标记法》）、玉米（NY/T 1432—2014《玉米品种鉴定技术规程　SSR标记法》）品种鉴定的国家标准。

李汝玉等利用8对SSR引物对71份中国小麦育成品种（系）进行品种鉴定，获得了71份品种的SSR基因型数据，成功将71份品种进行区分。贾春兰等参考国内外文献资料，选用玉米10条染色体上的42对SSR引物对鉴定品种和标准品种进行鉴定，最后成功区分出鉴定品种。马红勃等、左示敏等利用其他作者发表的SSR引物对水稻品种进行区分，证明SSR技术对试验所采用的水稻品种区分率可达到100%。由此可见，SSR技术已广泛应用于各类种子的品种鉴定中，技术成熟、多态性高、稳定性好。

Kajal Kumari利用设计的327对引物中的40对，对8种谷子品种和4种非谷子作物进行鉴定，能成功区分是否为谷子作物及品种。Garima Pandey从设计的21294对引物中选取159对，利用8种谷子品种对这159对引物进行鉴定潜力检测，其中107对表现出多态性，说明其在品种鉴定中具有一定潜力。

由于SSR标记具有操作简单、灵敏度高、重现性好等优点，近年来在作物的遗传学研究中的应用和发展迅速，在谷子分子研究中，是最具应用前景的分子标记之一。但依靠传统试验方式开发的谷子SSR标记效率不高、操作烦琐且消耗大量人力、物力，而基于表达序列标签（expressed sequence tag，EST）开发的SSR标记多态性不如基因组SSR。目前，只有少数学者基于谷子基因组序列开发了SSR标记及其引物，有力地促进了SSR技术在谷子研究中的发展。但SSR标记的传统开发方法本身存在一定的局限性，致使一些研究结果存在较大差异，例如郝晓芬等在研究中未发现谷子的遗传多样性与不同生态地理类型之间的相关性，研究结果与王节之的遗传多样性与地理类型之间有一定规律性的结论不一致。综上所述，SSR技术已逐步应用于谷子的遗传图谱的构建、遗传多样性研究、数量性状基因分析及品种鉴定等方面。今后基于更多谷子品种的全基因组序列信息，在获得大量SSR标记的基础上，应大力开展SSR标记下游应用技术的研究，为中国特有的谷子种质资源保护及应用提供技术保障。

第三节　分子标记技术在绿豆中研究及应用

分子标记是遗传连锁图谱构建和基因组研究的基础。RFLP标记是最先用于绿豆遗传研究中的分子标记类型。利用3个不同食用豆文库，Young等筛选出153个多态性RFLP标记，并将它们用于绿豆抗豆象基因定位。在这些RFLP探针的基础上，一些绿豆遗传连锁图谱构建、比较基因组作图及QTL定位等研究工作也用到了RFLP标记。然而由于RFLP探针的克隆比较困难，且该技术实验周期长，操作过程较为烦琐，费用较高，因此在国内的绿豆相关研究中鲜有应用。

RAPD标记不具有种属特异性，可以在不同生物中通用，而且操作简单、检测速度快、成本较低，因此在绿豆研究中应用较多。程须珍等利用45个RAPD分子标记对16份绿豆种质进行了亲缘关系分析，这些资源经聚类分析分成了4个大组。之后，她们进一步利用RAPD标记对56份绿豆及黑吉豆资源进行了亲缘关系分析，将它们划分成栽培绿豆、野生绿豆和黑吉豆3个种群，并获得独特的代表品种。在一些早期构建的绿豆遗传连锁图谱中，RAPD标记一般作为RFLP标记的补充。如Lambrides等利用52个RFLP和56个RAPD标记共同构建了一张绿豆连锁图谱。由于RAPD标记一般属于显性标记，不能鉴别杂合子和纯合子，且其稳定性较差，反应条件稍有改变就会影响扩增产物的重现，因此，随着其他可用分子标记类型的丰富，目前绿豆遗传研究中对其利用较少。

AFLP标记同样没有种属特异性，具有多态性丰富、灵敏度高、共显性表达、重复性好等优点，在绿豆遗传研究中也有应用。马丽萍等从830多对AFLP引物组合中筛选到100对在抗虫和感虫材料间具有多态性的标记，并通过同源性序列比较的手段对它们进行了相关生物信息学分析。Srinives等从200个AFLP标记中筛选到2个与绿豆缺铁黄化病连锁的标记。Sholihin等用70个AFLP标记构建了一张绿豆遗传连锁图谱。然而，AFLP标记对DNA质量要求较高，且操作过程较烦琐，近年在绿豆中的应用也不断减少。

SSR标记一般为共显性标记，可以有效区分纯合子和杂合子，而且还具有多态性高、数量丰富的优点。与RFLP和AFLP标记相比其试验程序简单且容易操作，适于在普通实验室进行。因此，SSR标记在绿豆遗传研究中发挥的作用越来越大。事实上，早期用于绿豆遗传研究的SSR标记极为稀少，而且大多都为绿豆近缘植物转移而来。随着新的研究技术的出现，绿豆SSR标记的开发和利用研究也有很大的进步。Somta等利用微卫星富集文库法开发了210对绿豆SSR引物，并在30份绿豆材料中进行了扩增性和多态性检测，最终筛选到12个多态性SSR标记。Tangphatsornruang等利用鸟枪测序法从绿豆基因组中鉴定出1433个SSR位点，并对其中的192个位点进行了标记开发，利用17份绿豆材料进行验证，其中有60个SSR标记具有多态性。利用磁珠富集法，钟敏等设计开发了2240对绿豆基因组SSR引物，其中1205对能够在绿豆中有效扩增，469对可以在豇豆、小豆、饭豆中通用。依据美国国家生物技术信息中心（National Center for Biotechnology Information，NCBI）内收录的绿豆基因组和EST等序列信息，Singh等设计开发了244对SSR引物，但他们仅对其中的15对引物进行了扩增验证。王丽侠等利用微卫星富集法设计开发了6100对绿豆SSR引物，其中有约9.1%的引物在一个绿豆野生种和一个绿豆栽培种间有多态性，然而，利用32个栽培品种验证，仅有49对引物表现多态性。二代测序技术的发展和进步大大促进了绿豆SSR标记的开发和利用，极大地丰富了绿豆SSR标记的数量。Moe等从2个绿豆品种的转录组数据中分别鉴定出1630和1334个SSR位点，然而他们并没有对这些SSR位点进行标记开发和验证。依据绿豆转录组数据，Gupta等设计开发了1742对EST-SSR引物，并选取其中27对引物在20份绿豆材料中进行了多态性分析，其中有21对表现出多态性。此外他们还进一步验证了27对SSR引物在豇豆属其他植物中的通用情况，结果表明97%的SSR标记可以在其他8种豇豆属植物中有效扩增。Chen等利用31份绿豆种质对从绿豆转录组中设计开发的200对SSR引物进行扩增验证，其中有66对引物表现多态性。Liu等利用转录组测序，鉴定出3788个EST-SSR位点，利用6份绿豆种质（包括2份野生绿豆）对320对SSR引物进行扩增验证，其中310对引物能够有效扩增，151对引物表现多态性。2015年绿豆基因组草图公布，在现有的整个基因组中鉴定出200808个SSR位点，这为今后的绿豆SSR标记开发利用提供了宝贵资源。加强对这些SSR位点进行标记开发和验证，将极大地促进绿豆遗传连锁图谱构建、QTL定位及比较基因组作图等研究工作。

SNP标记具有数量多、分布广泛、易于基因分型等优点。在绿豆研究中关于SNP位点的挖掘也有报道。如Moe等从2个绿豆转录组中鉴定出8249个SNP位点。利用全基因组测序，Van等在2个栽培绿豆品种间鉴定出305504个SNP位点。此后，Kang等在绿豆基因组草图构建过程中，在野生绿豆和栽培绿豆间鉴定出2922833个SNP位点。Schafleitnerd等通过测序进行基因分型（genotyping by sequencing，GBS），在两个绿豆群体中分别鉴定出6000多个多态性SNP位点。然而，由于SNP标记鉴定工作在绿豆研究中刚起步，且目前SNP的基因分型主要依赖生物公司，花费较高，因此对这些SNP位点的开发利用还有待开展。

由此可见，尽管绿豆分子标记鉴定，尤其是SSR和SNP标记的发掘鉴定工作已经有了长足进步，但是对这些标记位点的验证工作还远远不够，加强对这些标记的验证有利于绿豆遗传连锁图谱构建和全基因组基因挖掘。

一、绿豆种质资源遗传多样性研究

对绿豆的研究目前主要集中在遗传多样性及抗性基因的分子标记。程须珍等利用56个RAPD引物对16份绿豆资源进行遗传分析，结果显示，16份资源被分为4

组。孙雷等利用绿豆抗豆象栽培品种V2709与中绿1号杂交,通过对其后代田间农艺性状的调查研究表明V2709的抗豆象特性是由一对显性基因控制的。刘长友等利用12份不同农艺性状的绿豆种质对其近缘食用豆中的PCR引物进行选择,其中41对绿豆SSR引物中有35对可以有效扩增,有多态性的为6对;28对绿豆STS引物中可有效扩增的为23对,有多态性的为2对。

随着绿豆基因研究的深入,构建绿豆连锁图谱已经成为主要研究方向之一。目前看来,绿豆的研究大部分集中在遗传多样性及抗性分子标记方面。绿豆分子遗传研究的重要环节就是构建遗传连锁图谱,是基因定位与克隆乃至基因组结构与功能研究的重要基础。Kaga等利用479个随机引物,分别在抗虫亲本TC1966和感虫亲本Osaka-ryokuto间筛选,得到8个多态性较好且与抗豆象基因连锁的RAPD标记。Young等以58个TC1966和感虫栽培种VC3890的杂交F_2为材料进行RFLP分子标记实验,结果将抗豆象基因Br定位在第8连锁群上,并找到了与其连锁的6个标记,最近的一个标记与目标抗性基因的距离为3.6cM。Kaga等用TC1966为材料进一步进行RFLP分析,将TC1966的抗豆象基因Br定位在第9连锁群上,同时绘制了Br基因的遗传连锁图谱,找到了与其紧密连锁的13个RFLP标记,其中6个RFLP标记与Br基因的遗传距离为0.2cM。

目前,绿豆遗传分子标记在抗豆象方面有显著进展。绿豆象是对豇豆属食用豆类作物危害非常严重的仓储害虫,严重地影响这些作物的产量以及质量。

二、绿豆遗传连锁图谱的研究

一张高密度高饱和的遗传连锁图谱已经被证明在QTL分析、基因定位、基因克隆、比较基因组学、分子标记辅助选择育种以及物种演化等一系列分子遗传学研究工作中发挥着不可替代的重要作用。绿豆的基因组较小,约为579Mbp,但是绿豆和小麦、玉米、水稻等大作物相比,一直被视为杂粮作物,基础研究起步比较晚,也比较薄弱,尤其是在大力发展分子标记辅助育种的今天,绿豆存在引物开发比较匮乏、已知的基础序列少等一系列的问题,绿豆遗传连锁图谱构建的研究深度与广度与其他模式作物相比仍然存在明显的差距。截至目前,国内外总共发表了8张绿豆遗传连锁图谱,且大多为第一代分子标记,图谱构建的密度和精确度都有待提高。

Menancio-Hautea等用形态差异较大的绿豆栽培种VC3890和抗豆象野生绿豆TC1966杂交创建了F_2代作图群体，构建了总长度为1570cM的绿豆遗传连锁图谱，该图谱包括14个连锁群，含有171个RFLP标记，相邻标记间的平均间距为9cM。Lambrides等用感豆象栽培绿豆Berken和抗豆象野生绿豆ACC41杂交的F_2群体进一步构建的F_7重组自交系群体构建了2张绿豆遗传连锁图谱，前一张图谱长度为758.3cM，包括12个连锁群，含有110个RFLP和RAPD标记；后一张图谱长度为691.7cM，也包括12个连锁群，含有115个标记位点。Humphry在Lambrides的基础上利用感豆象栽培绿豆Berken和抗豆象野生绿豆ACC41的F_8代重组自交系群体构建了一张长度为737.9cM的绿豆遗传连锁图谱，该图谱包括13个连锁群，含有255个RFLP标记，相邻标记间的平均间距为3.0cM，最大间距为15.4cM。同年，Sholihin在日本利用抗豆象野生绿豆TC1966和Pagasa7杂交的F_9代重组自交系群体构建了一张总长度为655.5cM的绿豆遗传连锁图谱，该图谱包括9个连锁群，含有70个AFLP标记，相邻标记间的平均间距为10.7cM。Chen HM等利用抗豆象野生绿豆TC1966和抗黄化嵌纹病毒栽培绿豆NM92杂交的F_{12}重组自交系群体构建了一张总长度为1514cM的绿豆遗传连锁图谱，该图谱包括11个连锁群，含有254个标记位点，相邻标记间平均间距为6.0cM。赵丹在2010年利用引进的澳大利亚作图群体Berken（美国感豆象栽培种）和ACC41（澳大利亚抗豆象野生种）的F_8代重组自交系群体分析了大量的豇豆属SSR标记，并将这些SSR标记整合到了原有的图谱中，成功构建了国内第一张绿豆遗传连锁图谱，该图谱总长度为1869.0cM，包括12个连锁群，含有186个遗传标记。Isemura等在2013年以JP211874和JP229096杂交得到的F_2群体，构建了一张最新的绿豆分子遗传连锁图谱，该图谱总长度为727.3cM，包括11个连锁群含有430个SSR及EST-SSR标记位点，每个标记间的平均距离为1.78cM。

上述绿豆遗传连锁图谱的构建，为进一步开展绿豆关键性状的基因定位、克隆、比较基因组学和分子辅助育种奠定了良好的工作基础，但是和大宗作物的图谱构建情况对比，绿豆遗传图谱的研究相对落后，主要受限于分子标记的开发。目前可用的绿豆分子标记相对匮乏，公开发表的SSR标记相当有限，绿豆在NCBI等网站上可检索的基因组信息也很少，这影响了绿豆分子标记的开发研究，直接导致绿豆遗传连锁图谱的研究缓慢。就目前已构建的绿豆遗传连锁图谱而言，一是所用标记有限，新型分子标记较少；二是作图亲本较为狭隘，仅局限于较少的几个农艺性状。不过随着分子标记开发技术的不断发展和技术更新，绿豆分子标记的开发将大大加速，分子标记的增多也必将促进遗传连锁图谱的构建。

三、绿豆基因分析及QTL分析的研究

绿豆农艺性状的研究主要集中在与绿豆产量相关的性状上，首先表现在百粒重上。Fatokun等最早利用粒重差异大的亲本构建后代群体，再利用分子标记RFLP对群体进行了绿豆粒重相关基因位点的检测，检测出了一个主效QTL标记pM182-pA124，位于第Ⅱ连锁群上，同时还有三个微效QTL。M.E. Humphry等利用粒重相差大的两个品种配制杂交组合，再利用其后代群体材料构建绿豆分子标记遗传连锁图谱，通过该图谱共检测到11个与粒重相关的QTL，其中有7个QTL在不同条件下可以稳定表达。Mei L等同样利用构建的RIL群体检测到与M. E. Humphry等一样的11个QTL。Utumporn Sompong等利用粒重差异大的两个亲本配制杂交组合，通过后代分离群体构建图谱，检测到了5个与百粒重相关的QTL位点，分别位于其图谱的第1、2、8、9、10连锁群上。梅丽等通过具有较大差异的两个亲本作为父母本配制杂交组合，利用构建的F_{10}重组近交系群体检测相关基因，其中发现与百粒重有关的QTL有5个，它们位于4个不同的连锁群上，单个QTL可解释表型变异的4.58%~10.36%。

绿豆生育时期的很多农艺性状会对绿豆的产量构成一定的影响。梅丽等利用父母本间具有较大差异的两个亲本配制杂交组合，利用其后代群体F10重组近交系对绿豆产量相关农艺性状进行QTL分析，检测到了与株高有关的QTL有8个，分别位于第2、5、7、8、9连锁群；与主茎节数有关的QTL有3个，位于第3、5连锁群；6个与单荚粒数有关的QTL，位于第1、2、4、5、7连锁群；与开花天数相关的QTL有4个，其中有3个全部表现为减效；同时还检测到4个控制生育期的QTL，单个QTL的贡献率均大于10%。Kajonphol等也分析了与绿豆生育期相关的位点，检测到4个QTL位点，分别位于3个不同的连锁群上，它们都与播种到第1朵花开花相关。Won Joo Hwang等通过选择性状差异比较大的两个亲本VC1973A和V2984品种配制组建重组自交系，利用后代群体构建了绿豆的SNP标记遗传连锁图谱，通过该图谱检测到2个与开始开花天数相关的QTL，分别位于绿豆第3号和第8染色体上；同时鉴定出3个与花盛期天数相关的QTL，依次位于第3、5、11号染色体上。

第三章
菜豆品种 SSR 核心引物筛选

第一节　实验材料与方法
第二节　菜豆DNA提取的结果
第三节　SSR引物筛选多态性分析
第四节　SSR核心引物多态性分析
第五节　SSR核心引物有效性验证
第六节　小结

随着菜豆品种遗传改良进程的加快和生物技术的发展，对菜豆种质资源的研究从形态学水平、细胞学水平、生理生化水平逐渐发展到分子水平，DNA水平上的多态性是生物多样性的本质内容。分子标记从DNA水平直接反映出其遗传多态性。开展DNA水平的分子标记将有助于了解菜豆种内群间的遗传分析及确定各种质资源间的亲缘关系。SSR分子标记技术具有简单快速、呈共显性、可重复性高、遗传多态性丰富等特点，是近几年发展起来的理想标记技术，具有巨大的应用前景。随着普通菜豆基因组学的迅猛发展及分子育种实践的持续深入，SSR标记技术得到快速发展与改进。随着对SSR标记技术运用的日益熟练，对普通菜豆新抗逆基因的探索、种质资源的高效评价和高饱和度遗传连锁图谱的构建得以开展。SSR标记技术的深入应用，便于育种者从分子层次上揭示表型性状与基因之间的关系，结果更精确可靠，而且省时省力、应用价值巨大。因此，筛选出一套SSR核心引物对菜豆种质资源鉴定、遗传多样性分析、指纹数据库构建等研究具有重要价值。

本研究选用有代表性的36份菜豆种质资源为材料，用100对引物进行分析，综合考虑多态性信息含量、引物重复性、条带清晰度等因素，筛选出11对适合于菜豆品种鉴定的核心引物。利用11对核心引物对36个菜豆品种聚类分析，验证这套核心引物的有效性和准确性。

第一节　实验材料与方法

一、实验材料

供试材料为36份菜豆品种（表3-1），源自中国农业科学院作物品种资源研究所。将种子在室温（25±2）℃下种植，取嫩叶3~5片放置于塑封袋中，于-80℃备用，引物来自Gene Bank数据库。

表3-1　36份供试材料

编号	名称	编号	名称	编号	名称
YD1	小金黄2号	YD13	无季豆	YD25	梅豆
YD2	毛毛豆	YD14	饭大豆	YD26	桔黄梅豆
YD3	极早生	YD15	六月豆	YD27	粉黄汾豆
YD4	品芸一号	YD16	红大豆	YD28	大粒红金花
YD5	白花芸豆	YD17	金钩豆	YD29	红刀豆
YD6	红眉豆	YD18	红精米豆	YD30	然豆
YD7	龙江白芸豆	YD19	褐芸豆	YD31	黑架豆
YD8	早熟	YD20	南贝花豆	YD32	花梅豆
YD9	纯正红	YD21	矮生豆	YD33	黑小红豆
YD10	红芸豆	YD22	红皮豆	YD34	红眉豆
YD11	大花饭豆	YD23	红籽早	YD35	白粒红豆
YD12	赵家黄饭豆	YD24	金豆	YD36	眉豆

二、实验方法

（一）基因组DNA的提取、纯化和检测

采用十六烷基三甲基溴化铵（cetyltrimethylammonium bromide，CTAB）法提取并纯化DNA。用Bio Photometer Plus核酸蛋白定量检测仪检测总DNA的质量和浓度，以OD_{260}/OD_{280}值1.8为参照，将OD_{260}/OD_{280}小于1.7或大于2.0的样本重新提纯。浓度稀释至100ng/μL，-20℃备用。本实验对CTAB法进行了优化，具体方法如下：

（1）实验前在2mL离心管加入600μL 65℃预热DNA抽提缓冲液，12μL β-巯基乙醇。

（2）取0.5g叶片于研钵中加入液氮快速研磨成粉末，转入上述离心管中，充分

振荡混匀,然后放入65℃水浴锅中水浴30~45min,水浴过程中每5min轻微翻转下离心管。

(3)冷却至室温后加入600μL的氯仿-异戊醇混合液(24∶1),温和翻转30~50次至充分混合均匀,12000r/min离心20min。将上清液移于新的离心管中,再重新抽提1次。

(4)抽提后,取上清液于新的离心管中,加入0.5倍体积的5mol/L NaCl,之后加入0.6倍体积预冷的异丙醇,于-20℃放置1h以上。

(5)10000r/min离心10min,弃上清液后用乙醇清洗,重复操作一次。加入含30μg/mL RNA酶的TE溶液100 μL,37℃保温10min。

(6)纯度以Bio Photometer Plus核酸蛋白定量检测仪OD_{260}/OD_{280}的比值进行评估,1.8~2.0为宜。

(7)稀释成50 ng/μL工作液,4℃短期保存或者-20℃保存备用。

(二)SSR引物筛选及多态性检测

首先选用8个菜豆品种中100对引物进行初步筛选,对初步筛选出的引物,再使用36个品种进行复筛,以条带清晰、多态性好、易于统计、稳定性好作为核心引物的标准,在鉴别36个菜豆品种的基础上,筛选核心引物。具体方法如下:

1. SSR引物

根据文献SSR引物信息,共选出100对引物并合成。其中普通引物为上海生工公司产品(HPLC级),荧光引物为美亿美公司产品(HPLC级)。SSR引物的5′端用6-羧基荧光素(6-FAM)进行荧光标记。

2. PCR扩增

扩增反应体系见表3-2。

表3-2 SSR标记20μL体积扩增反应体系

试剂	终浓度	体积/μL
10×PCR 缓冲液	—	2
上游引物	0.1μmol/L	0.2
下游引物	0.1μmol/L	0.2L
dNTP	10mmol/L	0.5

续表

试剂	终浓度	体积/μL
Taq 聚合酶（5U/μL）	5U/μL	0.2
Mg^{2+}（25mmol/L）	—	1.2
模板 DNA	50ng/μL	1
无菌水	—	14.7
总体积	—	20

基于非变性聚丙烯酰胺结合银染技术的PCR扩增反应体系如下。

PCR扩增程序：94℃预变性2min；94℃变性15s，依据各引物退火温度复性15s，72℃延伸30s，共35个循环；最终72℃延伸10min。

3. 扩增产物检测

采用聚丙烯酰胺凝胶电泳技术检测。

（1）清洗玻璃板与梳子　先用自来水把玻璃板与梳子擦洗干净，再用乙醇擦洗一遍，晾干。

（2）灌胶　用8%的非变性聚丙烯酰胺灌胶，防止出现气泡，轻轻插入梳子，使其聚合2 h左右。

（3）电泳　清除气泡及残胶，插入样品梳子，接通电源，90W恒功率电泳，预电泳10min。每一个加样孔点入1.5μL样品。电泳至二甲苯青带，约1h，结束后小心分开两块玻璃板。

电泳结束后对凝胶结果采用快速银染法检测。

（1）固定　50%无水乙醇+2%冰乙酸，轻轻晃动3min。

（2）漂洗　蒸馏水快速漂洗1次，不超过15s。

（3）染色　0.2%$AgNO_3$溶液中染色5min。

（4）漂洗　蒸馏水快速漂洗2次，每次时间不超过15s。

（5）显影　1.6%NaOH+0.4%甲醛显影，轻轻晃动至条带出现（胶背景颜色为蛋黄色）。

（三）数据记录和统计分析

假定非变性聚丙烯酰胺凝胶上相同迁移率的条带均来自同一位点上的同一等

位基因，电泳图谱的每条带均为一个等位基因，代表一个SSR引物的结合位点。统计清晰稳定、有差异的条带，有带记为1，无带记为0。用Popgene软件计算各SSR引物的等位基因数、多态性信息含量（PIC）、香农多样性指数（Shannon's diversity index，SHDI，以I表示）。用NT-SYS计算品种间的相似系数，按类平均法（UPGMA）进行聚类分析，绘制品种间的亲缘关系聚类树状图。

第二节　菜豆DNA提取的结果

提取总DNA经Bio Photometer Plus核酸蛋白定量检测仪检测后计算OD_{260}/OD_{280}均为1.8~2.0。取5μL DNA溶液用1%琼脂糖凝胶电泳检测，主带明显，点样孔无杂质残留，无条带拖尾现象，表明提取完整性好，无RNA残留，完全满足后续实验要求。对供试材料的浓度进行了稀释调整，将样品浓度调整约为100ng/μL。部分琼脂糖凝胶电泳成像如图3-1所示。

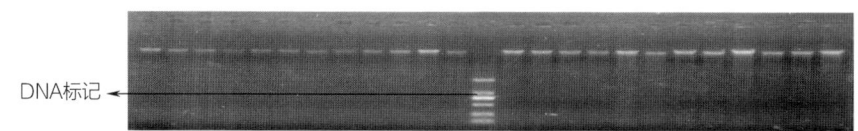

图3-1　菜豆基因组的提取
（DNA 标记为 DL500）

第三节　SSR引物筛选多态性分析

首先选用8个菜豆品种（YD1-YD8）对100对引物进行初步筛选。通过琼脂糖凝胶电泳筛选出条带清晰并且扩增产物大小为50~400bp的SSR引物，共计48对（图3-2）。

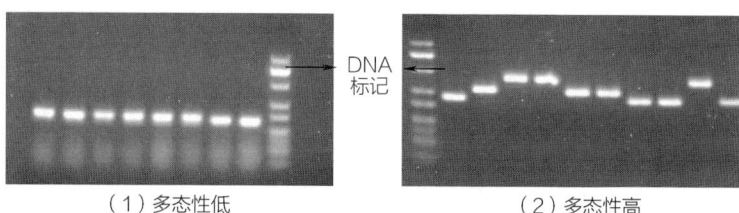

图3-2 多态性引物的初筛

将初步筛选引物对36个品种扩增,经聚丙烯酰胺凝胶电泳后以多态性好、条带清晰、稳定性高作为核心引物的标准进行复筛。复筛舍去引物主要包括:

(1)经聚丙烯酰胺凝胶电泳分析不具多态性的引物。该位点很保守,在样本之间无遗传变异。

(2)经聚丙烯酰胺凝胶电泳之后,主带不明显甚至不止两条的引物。该位点在样本基因组中重复序列不止一个,虽然这种多态性也能代表一定的遗传多样性,但SSR标记呈共显性,而菜豆为二倍体,至多显示两条带(杂合子),故而舍弃。

在鉴别36个品种的基础上,确定核心引物。由此,筛选出多态性较高、稳定性较好的11对引物。利用这11对SSR引物对36个菜豆品种材料进行扩增,得到产物片段大小为90~316bp(部分电泳结果如图3-3与图3-4所示),筛选出11对的引物信息,见表3-3。

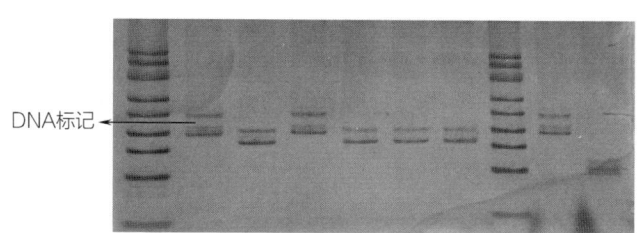

图3-3 引物BM156在部分材料中扩增结果
(DNA 标记为 DL500)

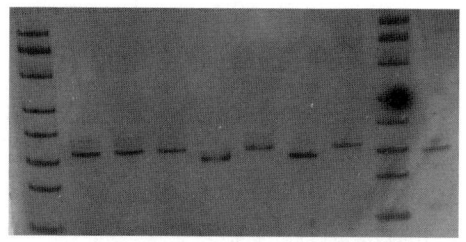

图3-4 引物BM175在部分材料中扩增结果

表3-3　11对引物序列

引物名称	正向引物（5′-3′）	反向引物（5′-3′）	退火温度/℃
BM139	TTAGCAATACCGCCATGAGAG	ACTGTAGCTCAAACAGGGCAC	50
GATS91	GAGTGCGGAAGCGAGTAGAG	TCCGTGTTCCTCTGTCTGT	53
BM140	TGCACAACACACATTTAGTGAC	CCTACCAAGATTGATTTATGGG	55
BM141	TGAGGAGGAACAATGGTGGC	CTCACAAACCACAACGCACC	55
BM152	AAGAGGAGGTCGAAACCTTAAATCG	CCGGGACTTGCCAGAAGAAC	50
BM156	CTTGTTCCACCTCCCATCATAGC	TGCTTGCATCTCAGCCAGAATC	52
BM157	ACTTAACAAGGAATAGCCACACA	GTTAATTGTTTCCAATATCAACCTG	52
BM160	CGTGCTTGGCGAATAGCTTTG	CGCGGTTCTGATCGTGACTTC	52
BM164	CCACCACAAGGAGAAGCAAC	ACCATTCAGGCCGATACTCC	52
BM172	CTGTAGCTCAAACAGGGCACT	GCAATACCGCCATGAGAGA	50
BM175	CAACAGTTAAAGGTCGTCAAATT	CCACTCTTAGCATCAACTGGA	50

第四节　SSR核心引物多态性分析

11对引物对36个菜豆品种均有效稳定地扩增出多态性条带，共有50个等位基因数，平均每对4.6个，其中以引物BM160扩增出7个等位基因为最多，引物BM164扩增3个等位基因为最少，高于平均值的共有4对（GATS91、BM140、BM156、BM160）。等位基因数越多，则更能直接具体地反映不同品种的差异。

多态性信息含量（PIC）为0.5350~0.7737，平均值为0.6519（表3-4）。按照Bostein提出标记多态性信息含量标准，PIC大于0.5则具有高度多态性，筛选的11对引物PIC均大于0.5，说明这11对引物均具有高度多态性。

表3-4 核心引物在参比种质中的多态性信息

引物名称	等位基因数	有效等位基因数	多态性信息含量
BM139	4	2.3810	0.535
GATS91	5	3.1984	0.6385
BM140	5	3.9690	0.7013
BM141	4	3.6636	0.6764
BM152	4	3.4286	0.6519
BM156	6	4.6957	0.7538
BM157	4	2.9673	0.6651
BM160	7	4.9846	0.7737
BM164	3	2.5575	0.5408
BM172	4	2.7042	0.5631
BM175	4	3.6201	0.671

依据核心的筛选标准，PIC越大，基因多样指数稳定增加，其多态性程度越好，越适宜作为核心引物。以上指标从不同角度揭示11对菜豆SSR引物在反映多态性时具有较大的潜力。其中等位基因数大于5、有效等位基因数大于3.5、多态性信息含量大于0.5的最有效引物是引物BM156和引物BM160。

第五节 SSR核心引物有效性验证

利用筛选出的11对核心引物对36个菜豆品种的遗传多样性进行了检测，根据对11对引物的读带记录，利用软件NT-SYS pc 2.0对36个菜豆品种进行聚类分析。

聚类结果（图3-5）显示在遗传相似系数0.62处将36份菜豆品种分为5个亚类群，

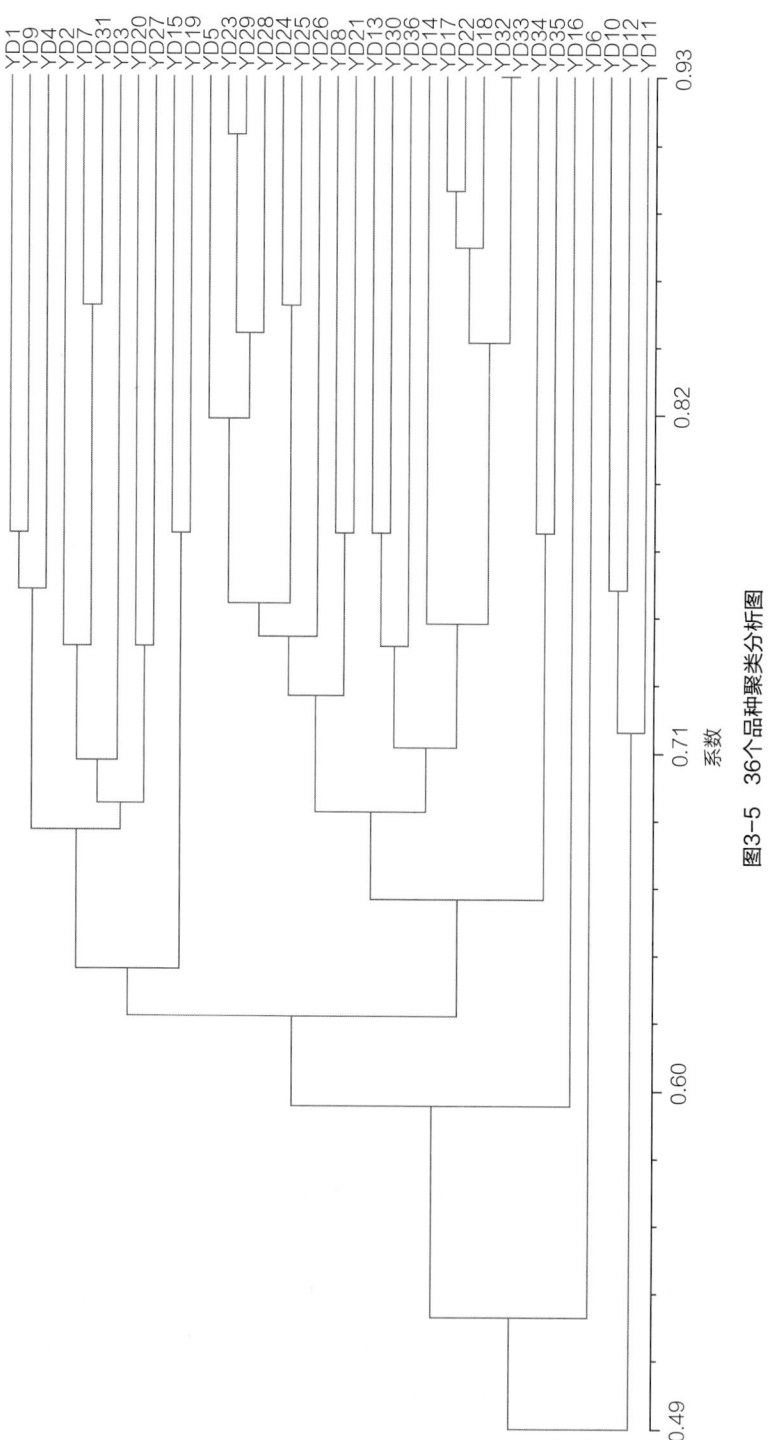

图3-5 36个品种聚类分析图

第Ⅰ类是包括红芸豆（YD10）、大花饭豆（YD11）和赵家黄饭豆（YD12）三个品种；红眉豆（YD6）与红大豆（YD16）分别为第Ⅱ类与第Ⅲ类；花白豆（YD1）、龙江白芸豆（YD7）、粉黄汾豆（YD27）、纯正红（YD9）、黑架豆（YD31）、六月豆（YD15）、品芸一号（YD4）、极早生（YD3）、褐芸豆（YD19）、毛毛豆（YD2）与南贝花豆（YD20）为第Ⅳ类；其余为第Ⅴ类。实验表明所筛选的11对引物具有很好的代表性，能够区分36个菜豆品种，因而可用于进一步的实验。

第六节　小结

随着分子标记技术在植物种质资源鉴定和亲缘关系分析等领域的广泛应用，极大加快了研究人员对作物遗传学的研究进程。目前，运用RFLP、RAPD、AFLP、SSR等分子标记对普通菜豆种质资源鉴定的研究有很多，而与其他分子标记相比，SSR标记具有操作要求低、实验结果重复性好、引物多态性高等优势，常被用于农作物的品种鉴定和指纹图谱的构建。选择合适的引物是开展菜豆分子指纹图谱分析的前提之一，本研究在对引物进行2次筛选的基础上选出11对相对多态性高、重复性好的核心引物，每对引物平均PIC为0.6519，平均香农多样性指数1.3293，说明所筛选引物是高效引物。遗传距离越大，扩增条带表现出的多态性差异越明显，因而在筛选核心引物时，最好选用亲缘关系较远的材料作为模板，这样更有利于核心引物的确定。本研究首先选出亲缘关系较远的8个菜豆品种作为对核心引物初步筛选的材料，共获得48对初筛引物。根据初步筛选结果再利用36个品种进行复筛。结果共筛选出11对核心引物，每对引物平均PIC为0.6519，是属于高多态性引物。通过聚类分析发现11对核心引物可将36个菜豆品种完全鉴别开。

有研究报道SSR标记的重复单位的重复类型和次数与多态性呈一定相关性，Sharopova等在对玉米SSR引物开发的研究中，发现重复单位的重复次数与引物多态性存在较强的正相关，在开发的1051对引物中，随着重复次数的增加，多态性水平显著提高；二碱基和三碱基重复的多态性比三碱基以上的重复类型多态性高。因而在设计引物时除尽量排除AT/TA重复类型外，还要尽量选择重复基序少、重复次数多的标记。

对SSR引物多态性的评价参数一般为等位基因数、多态性信息含量（PIC）。等位基因数在不同研究中变化较小，直观反映出引物多态性的高低。PIC综合了等位基因数和每个等位基因的基因频率，比等位基因数更能准确表征标记的多态性。但由于等位基因频率受选用的材料数量及种类的影响，使PIC有较大差异。因此，在对一个引物标记多态性进行初步评估时，建议对大量品种进行研究，综合考虑等位基因数、PIC，才可得到较为精确的评价引物多态性。

第四章

菜豆品种遗传多样性分析

第一节　实验材料与方法
第二节　SSR扩增产物及条带分析
第三节　SSR位点多态性分析
第四节　不同地方菜豆品种等位基因变异分析
第五节　菜豆聚类分析
第六节　菜豆群体间亲缘关系分析
第七节　小结

菜豆起源于美洲，具有很高的食用价值与药用价值。由于中国地域辽阔、农事区域分布广泛、地势复杂、土壤类型多样、海拔高低差异显著、气候类型变化多端，经过长期的自然选择和人工选择，菜豆形成了各种各样的地方品种，地方种质遗传多样性丰富且蕴藏着许多与作物改良有着密切关联的遗传变异。然而，近年来生态环境的变化、栽培制度与耕作方式的转变以及市场的需求使得地方种质的多样性越来越狭窄。普通菜豆地方种质群体遗传结构与其野生种群体遗传结构相似，蕴含着许多能抵御生物和非生物胁迫的优良基因和遗传变异。虽然绿豆、菜豆等小宗作物地方种质在生产上仍有种植，但随着小宗作物育种的不断发展，有的正在被育成品种或杂交品种所取代。因此对于普通菜豆地方种质遗传多样性的保护、研究及利用至关重要。

本实验在前期筛选SSR标记的基础上，采用荧光SSR技术对99份菜豆种质资源进行遗传多样性评价，对不同省（自治区、直辖市）群体进行聚类分析，综合分析菜豆种质资源的遗传多样性，有助于菜豆优势基因的挖掘和种质材料的利用，为菜豆的遗传研究提供科学依据。

第一节 实验材料与方法

一、实验材料

选用实验材料为99个菜豆品种，源自中国农业科学院作物品种资源研究所，品种名称与实验编号见表4-1。供试材料在温室育苗，幼苗长至3～5片叶，采集置于塑封袋中，$-80^{\circ}\mathrm{C}$保存备用。

引物为前期筛选的11对核心引物。SSR引物的5′端分别用6-FAM进行荧光标记，3′端未经修饰。荧光引物为美亿美公司产品（HPLC级）。

第四章 菜豆品种遗传多样性分析

表4-1 99个菜豆品种资源

实验编号	品种名称	原产地	实验编号	品种名称	原产地
YD1	杂花豆1号	黑龙江嫩江	YD23	小黄金2号	黑龙江嫩江
YD2	矮饭豆	黑龙江东宁	YD24	黄花豆	云南龙陵
YD3	兔子腿	黑龙江爱辉	YD25	二花京豆	云南双江
YD4	花腰豆	黑龙江嫩江	YD26	小花洋豆	云南广南
YD5	窝郎豆	黑龙江海林	YD27	四季豆	云南麻栗坡
YD6	白花腰豆	黑龙江龙江	YD28	硬壳豆	云南麻栗坡
YD7	紫白花豆	黑龙江爱辉	YD29	宽边豆	云南保山
YD8	花芸豆	黑龙江呼兰	YD30	肉角豆	云南永胜
YD9	大马掌	黑龙江宾县	YD31	长白南京	云南双江
YD10	奶花芸豆	黑龙江哈尔滨	YD32	四十天花豆	云南南涧
YD11	红花芸豆	黑龙江龙江	YD33	早红豆	云南丘北
YD12	小黑芸豆	黑龙江嫩江	YD34	大红花腰子豆	云南麻栗坡
YD13	特大荚	黑龙江五常	YD35	大白花川豆	云南麻栗坡
YD14	黄芸豆	黑龙江省外贸	YD36	本地川豆	云南麻栗坡
YD15	花脸豆	黑龙江龙江	YD37	硬壳花川豆	云南马关
YD16	60天还家	黑龙江宾县	YD38	小洋豆	云南麻栗坡
YD17	花脸豆	黑龙江嫩江	YD39	大花洋豆	云南西畴
YD18	黑花芸豆	黑龙江林甸	YD40	扁紫连豆	内蒙古土默特右旗
YD19	双色芸豆	黑龙江宾县	YD41	花芸豆	内蒙古化德
YD20	杂花芸豆	黑龙江克山	YD42	罗纹豆	内蒙古凉城
YD21	早油豆	黑龙江甘南	YD43	图牧8号	内蒙古图牧吉
YD22	品芸2号	黑龙江	YD44	黑连豆	内蒙古土默特右旗

续表

实验编号	品种名称	原产地	实验编号	品种名称	原产地
YD45	粳米1号	内蒙古克什克腾旗	YD69	橘黄梅豆	山西大同
YD46	花芸豆	内蒙古丰镇	YD70	粉黄三分豆	山西新绛
YD47	红连豆	内蒙古化德	YD71	大粒红金花	山西
YD48	灰连豆	内蒙古固阳	YD72	红刀豆	山西屯留
YD49	黑芸豆	内蒙古化德	YD73	然豆	山西朔
YD50	花芸豆	内蒙古农科院	YD74	黑架豆	山西太原
YD51	黄芸豆	内蒙古凉城	YD75	花梅豆	山西朔县
YD52	紫芸豆	内蒙古呼和浩特	YD76	黑小红豆	山西太原
YD53	芸豆	内蒙古农科院	YD77	红眉豆	山西阳泉
YD54	苏小豆	内蒙古呼和浩特	YD78	白粒红豆	山西孟县
YD55	白金豆	贵州剑河	YD79	眉豆	山西昔阳
YD56	八月豆	贵州龙里	YD80	黄芸豆	甘肃灵台
YD57	倒接豆	贵州	YD81	黑芸豆	甘肃灵台
YD58	帐钩豆	贵州息烽	YD82	红芸豆	甘肃灵台
YD59	黄鸡扒豆	贵州修文	YD83	褐芸豆	甘肃临泽
YD60	大红四季豆	贵州镇宁	YD84	白花豆	甘肃张掖
YD61	捧豆	贵州兴义	YD85	老白芸豆	甘肃灵台
YD62	深红金豆	贵州毕节	YD86	五月黄黑豆	陕西勉县
YD63	桩桩豆	贵州息烽	YD87	肉四季豆	陕西宁陕
YD64	鸡油豆	贵州花溪	YD88	十八斤豆角	陕西延安
YD65	黑籽鳝豆	贵州遵义	YD89	陕北豆	陕西宁强
YD66	板桥豆	贵州习水	YD90	马架四季豆	陕西宁陕
YD67	小白洋豆	贵州水城	YD91	白露江	陕西略阳
YD68	梅豆	山西昔阳	YD92	牛筋条6号	河北沽源

续表

实验编号	品种名称	原产地	实验编号	品种名称	原产地
YD93	坝芸3号	河北坝上所	YZ97	火红饭豆	吉林
YD94	坝芸1号	河北坝上所	YZ98	洋胡豆	吉林
YZ95	白荷包豆	吉林	YZ99	大花豆	吉林
YZ96	红花豆	吉林			

二、实验方法

（一）菜豆品种DNA提取

DNA提取方法同第三章。99份材料DNA提取完成后放置于-20℃备用，使用过程中可置于4℃保存。

（二）荧光引物PCR扩增

体系参照第三章，将荧光引物体积增加0.1μL。基于毛细管电泳的荧光电泳检测技术的PCR扩增反应体系见表4-2。

表4-2　SSR标记20μL体积扩增反应体系

试剂	终浓度	体积/μL
上游引物	0.1μmol/L	0.3
下游引物	0.1μmol/L	0.3
2×Taq Mix	—	10
模板DNA	50ng/μL	1
无菌水	—	8.4
总体积	—	20

PCR扩增程序：94℃预变性2min；94℃变性15s，依据各引物退火温度复性15s，72℃延伸30s，共35个循环；最终72℃延伸10min。

（三）毛细管电泳检测扩增产物

首先，利用琼脂糖凝胶电泳对所有扩增产物检测，每个样品取5μL产物，电压90V，电泳约1h。若结果良好则进行毛细管电泳检测。

将甲酰胺与分子质量内标按100：1的体积比混匀后，取15μL加入上样板中，再加入1μL稀释10倍的PCR产物。然后使用3730XL测序仪进行毛细管电泳，利用Genemarker中的Fragment（Plant）片段分析软件对测序仪得到的原始数据进行分析，将各泳道内分子质量内标的位置与各样品峰值的位置做比较分析，得到片段大小。

（四）基于毛细管电泳SSR检测数据分析

对荧光检测结果，按照不同引物在不同品种产生的多态性条带进行统计，记录扩增产物的片段大小，将有峰值的记为1，无峰值的记为0。结果采用Excel表格储存。

用Popgene软件计算各SSR引物的有效等位基因数（N_e）、多态性信息含量（PIC）、香农多样性指数。用NT-SYS计算品种间的相似系数，按类平均法（UPGMA）进行聚类分析，绘制品种间的亲缘关系聚类树状图。

1. 遗传多样性参数计算方法

利用Popgene软件计算有效等位基因数、PIC、遗传距离及遗传相似系数，分析其遗传多样性。

2. 聚类分析与主成分分析

利用NTSYS-pc2.10软件非加权算术平均法对99份材料进行聚类分析。

第二节　SSR扩增产物及条带分析

将原始数据进行整理，原数据以峰值的形式出现。荧光SSR输出数据如图4-1所示。

第四章 菜豆品种遗传多样性分析　49

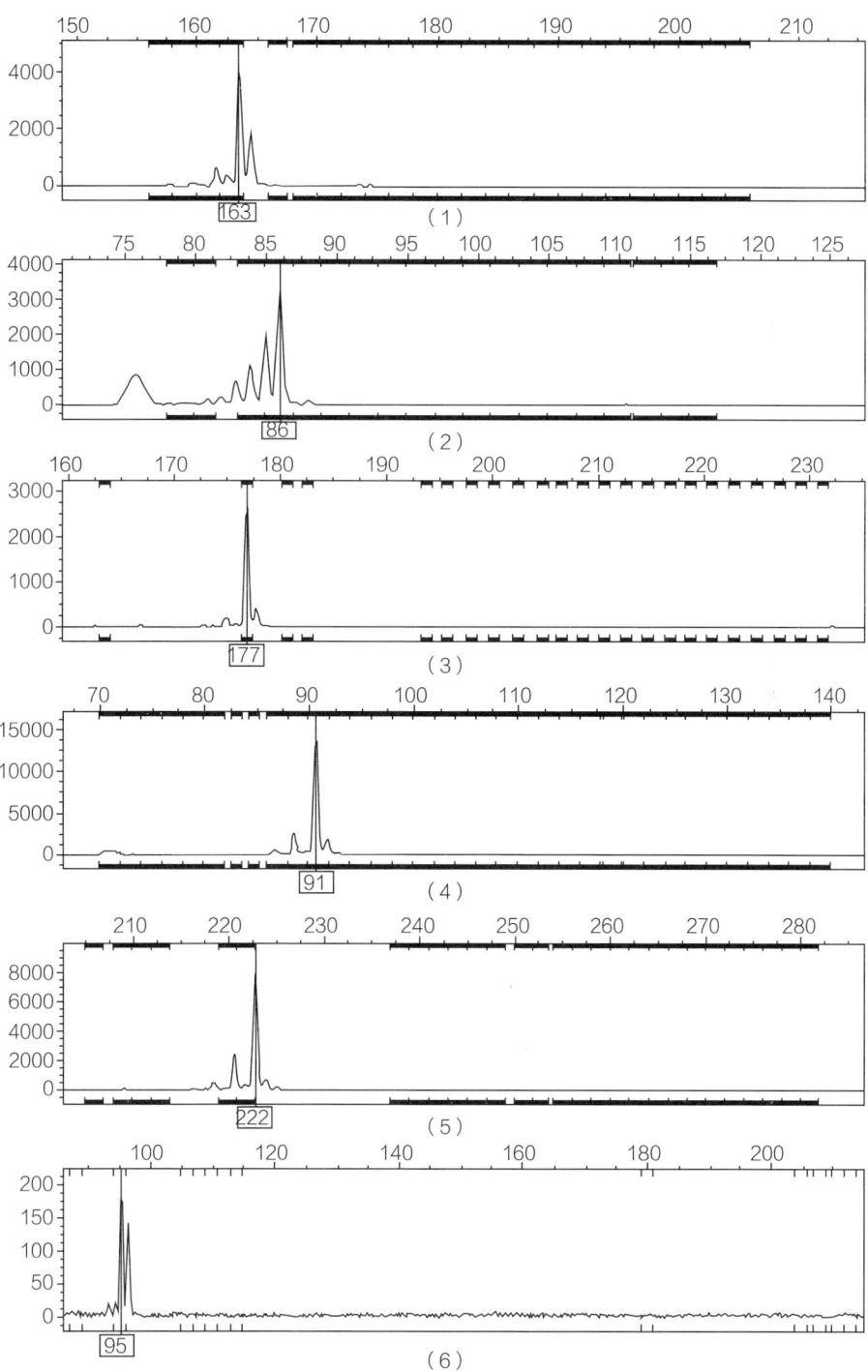

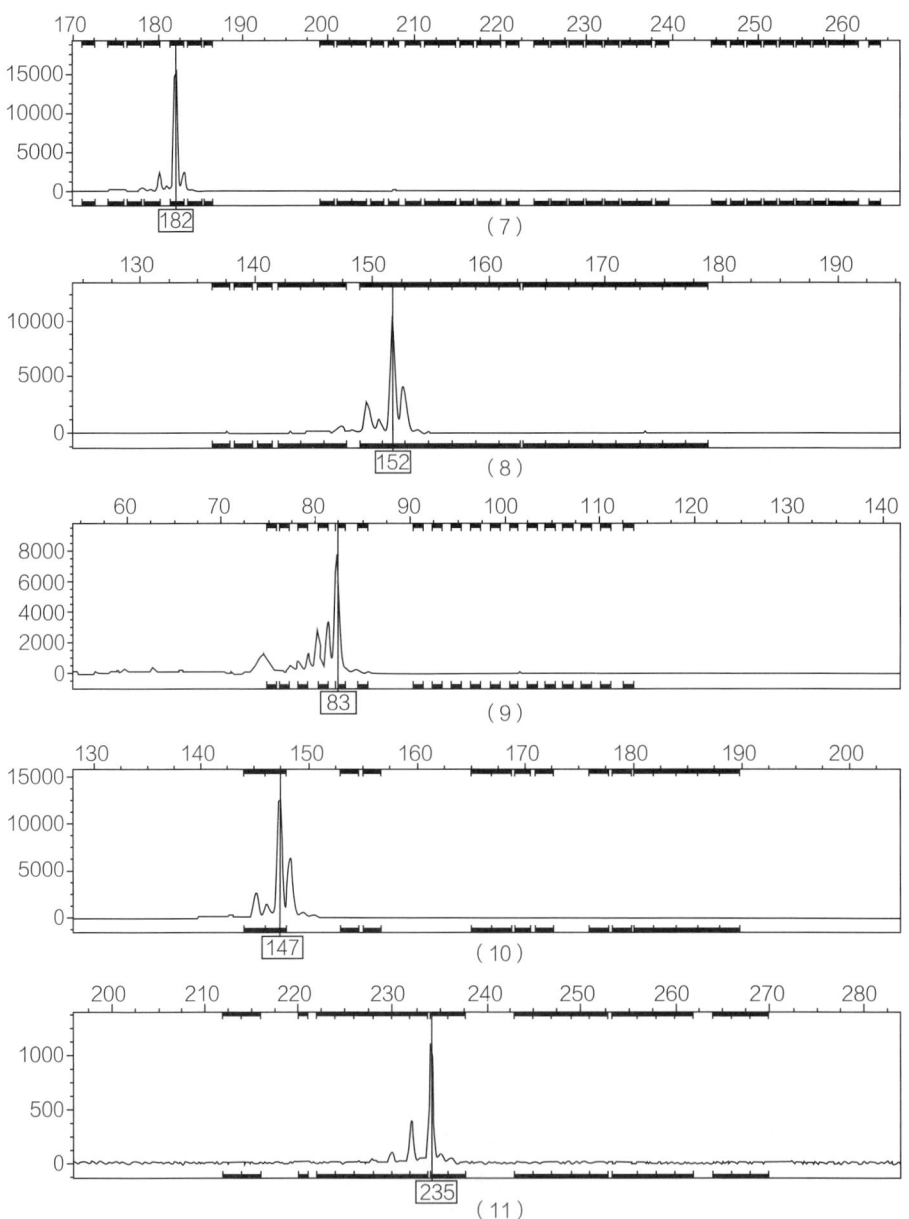

图4-1 11对SSR引物的毛细管电泳峰图
横坐标表示扩增片段长度,单位bp;纵坐标表示荧光强度,单位A.U.

由图4-1可知,峰图总体信号清晰,DNA样品电泳峰型较好,无杂峰(非特异扩增的峰)、stutter峰(与正常波峰相比在结构上不同的单重复单元和低于正常波峰高度1/3的峰）及dinosaur tails峰（锯齿状的波峰），易于判断，可用于进一步的分析。

为判断标记体系是否适用于毛细管电泳检测，选取同一份材料（小白洋豆）的不同批次做两次重复测试，测试引物为BM152、BM174，测试结果如图4-2所示。

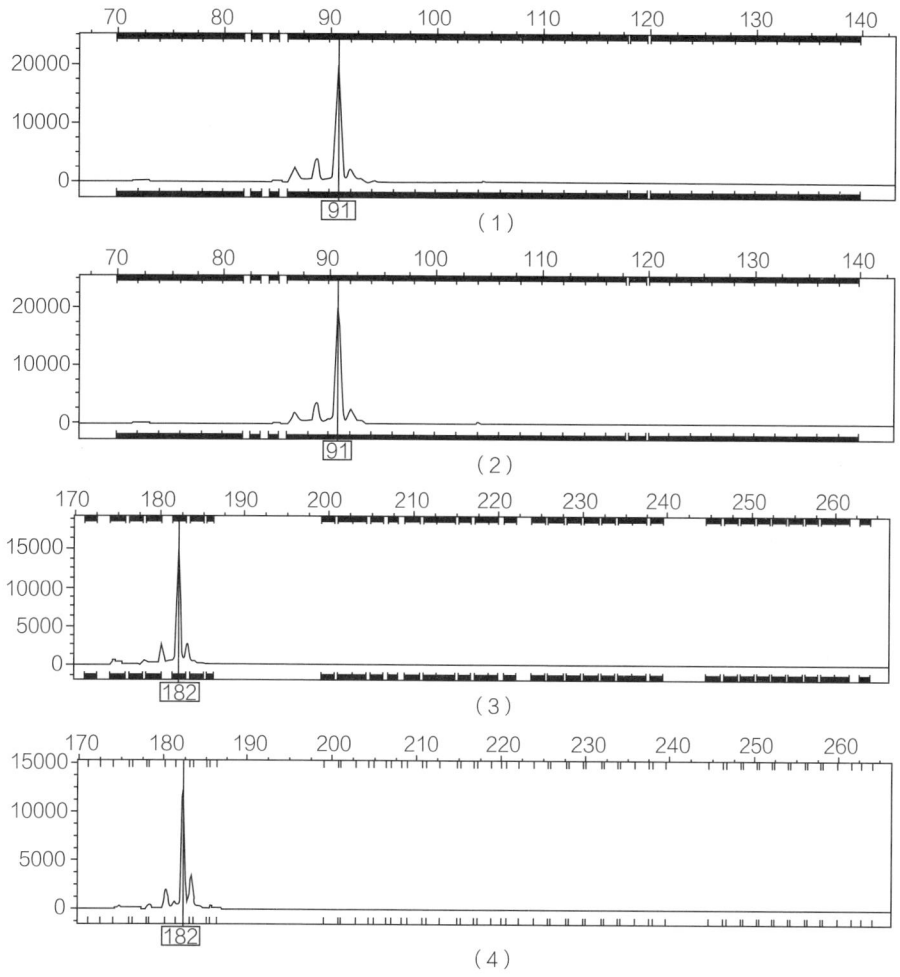

图4-2 小白洋豆两次测试结果
横坐标表示扩增片段长度，单位bp；纵坐标表示荧光强度，单位A.U.

通过两对引物BM152、BM174对小白洋豆进行检测，图4-2（1）和图4-2（2）代表第一次测试结果，图4-2（3）和图4-2（4）代表第二次测试结果。由图可知，同一份供试材料在两次的检测中扩增结果相同，说明该标记体系适用于毛细管电泳，稳定性较高。

第三节 SSR位点多态性分析

将峰值记录在Excel表格中，经整理后用相关软件计算，对所有供试材料进行遗传多样性分析。99个菜豆品种在11个SSR位点检测到的遗传变异汇总至表4-3。

表4-3 SSR位点的遗传变异参数

引物名称	等位基因数	有效等位基因数	多态性信息含量	香农多样性指数	基因多样指数
BM139	10	2.6005	0.5922	1.4384	0.6155
BM140	10	3.2003	0.6508	1.5256	0.6875
BM141	10	4.5987	0.7634	1.8841	0.7825
BM152	13	4.5480	0.7618	1.9219	0.7814
BM156	12	4.0923	0.7258	1.7614	0.7556
BM160	19	6.2606	0.8686	2.3285	0.8403
BM164	9	2.2838	0.5302	1.2051	0.5621
BM172	10	2.5589	0.5856	1.4140	0.6092
BM175	7	3.2056	0.6442	1.4190	0.6880
GATS91	13	7.4026	0.8512	2.1973	0.8649
BM157	14	4.5753	0.7651	2.0008	0.7801

利用筛选的11对核心引物对99个菜豆品种扩增，共检测出127个等位基因数，每对引物检测出7~19个等位基因数，平均约11.54个。11对核心引物多态性信息含量为0.5302~0.8686，平均0.7035；香农多样性指数1.2051~2.3285，平均约1.7360；有效等位基因数2.2838~7.4026。其中，引物BM160获得的等位基因数最多（19个），PIC值为0.8686。Botstein等提出了衡量基因变异程度指标，当PIC>0.5时，该引物为高度多态性信息引物，当0.25<PIC≤0.5时为中度多态性信息引物，当PIC≤0.25时为低度多态性信息引物。11对引物的PIC平均0.7035，说明总体上这些引物具有较好的鉴别能力，可依据遗传变异数据对供试菜豆进行详细的遗传多样性分析。

第四节 不同地方菜豆品种等位基因变异分析

不同地理来源的菜豆品种中检测到的等位基因数目不同（表4-4）。由表可知，黑龙江的23个品种被检测到79个等位基因，占总等位基因的62.20%；云南的16个品种被检测到55个等位基因，占总等位基因的43.31%；内蒙古的15个品种被检测到56个等位基因，占总等位基因的44.09%；贵州的13个品种被检测到57个等位基因，占总等位基因的44.88%；山西的12个品种被检测到35个等位基因，占总等位基因的27.56%；甘肃和陕西均为6个品种，分别被检测到36和29个等位基因，分别占总等位基因的28.35%和22.83%；吉林的5个品种被检测到22个等位基因，占总等位基因的17.32%；河北3个品种中检测到等位基因数目较少，为17个，占等位基因总数的13.39%。贵州标准差最大（1.9917），河北标准差最小（0.6556）。总体来看，黑龙江菜豆品种检测到的等位基因数最多，贵州品种虽少但是遗传变异丰富，在一定程度上体现这两个地区的菜豆品种的遗传多样性较丰富。

表4-4　99份菜豆品种在11个位点上检测到的等位基因数

地理来源	品种数	等位基因数	占总等位基因	位点平均
黑龙江	23	79	0.6220	3.4348 ± 1.4659
云南	16	55	0.4331	3.4375 ± 1.7581
内蒙古	15	56	0.4409	3.7333 ± 1.7297
贵州	13	57	0.4488	4.3846 ± 1.9917
山西	12	35	0.2756	2.9167 ± 1.1923
甘肃	6	36	0.2835	6.0000 ± 1.0679
陕西	6	29	0.2283	4.8333 ± 1.1499
河北	3	17	0.1339	2.8333 ± 0.6556
吉林	5	22	0.1732	3.6667 ± 0.9535

第五节　菜豆聚类分析

将SSR荧光输出的片段大小转换成0/1字符串，记录到Excel表格中，利用NTSYS软件分析99份菜豆材料的127个等位基因，计算出样本间的遗传相似系数与遗传距离矩阵，按照UPGMA方法聚类（图4-3）。99份参试材料被划分为2个组群。分别命名为组群Ⅰ与组群Ⅱ，每个组群包括不同地理来源的品种（表4-5）。

表4-5　菜豆品种的两个组群

组群划分	实验编号	品种数	来源
组群Ⅰ	亚组群1：YD88 亚组群2：YD9 YD57 YD59 YD56 YD32 YD34 YD26 YD14 YD42 YD47 YD20 YD55 YD6 亚组群3：YD79 YD80 YD7 YD3	18	陕西1份，黑龙江6份，云南3份，内蒙古2份，贵州4份，山西1份，甘肃1份
组群Ⅱ	亚组群1：YD22 YD86 YD 87 亚组群2：YD12 亚组群3：YD67 亚组群4：YZ98 YZ97 YZ99 YZ96 YZ 95 亚组群5：YD90 YD18 YD37 YD63 YD84 YD21 YD48 YD43 YD28 YD65 YD81 YD64 YD62 YD38 YD30 YD89 YD60 YD39 YD66 YD29 YD25 YD67 YD94 YD93 YD92 YD49 YD72 YD71 YD51 YD91 YD83 YD78 YD46 YD69 YD53 YD41 YD27 YD31 YD73 YD58 YD24 YD85 YD45 YD76 YD75 YD70 YD68 YD44 YD77 YD36 YD8 亚组群6：YD17 YD82 YD19 YD54 YD52 YD11 YD50 YD40 YD33 YD74 YD35 YD13 YD10 YD5 YD16 YD2 YD23 YD15 YD4 YD1	81	吉林5份，陕西5份，河北3份，黑龙江17份，云南13份，内蒙古13份，贵州9份，山西11份，甘肃5份

99份材料间的遗传相似系数为0.23~0.98。遗传相似系数最小的品种是杂花豆1号（YD1）和十八斤豆角（YD88），表明品种间相似性很小，亲缘关系较远。遗传相似系数最大的是黑花芸豆（YD18）与马架四季豆（YD90）、宽边豆（YD29）与

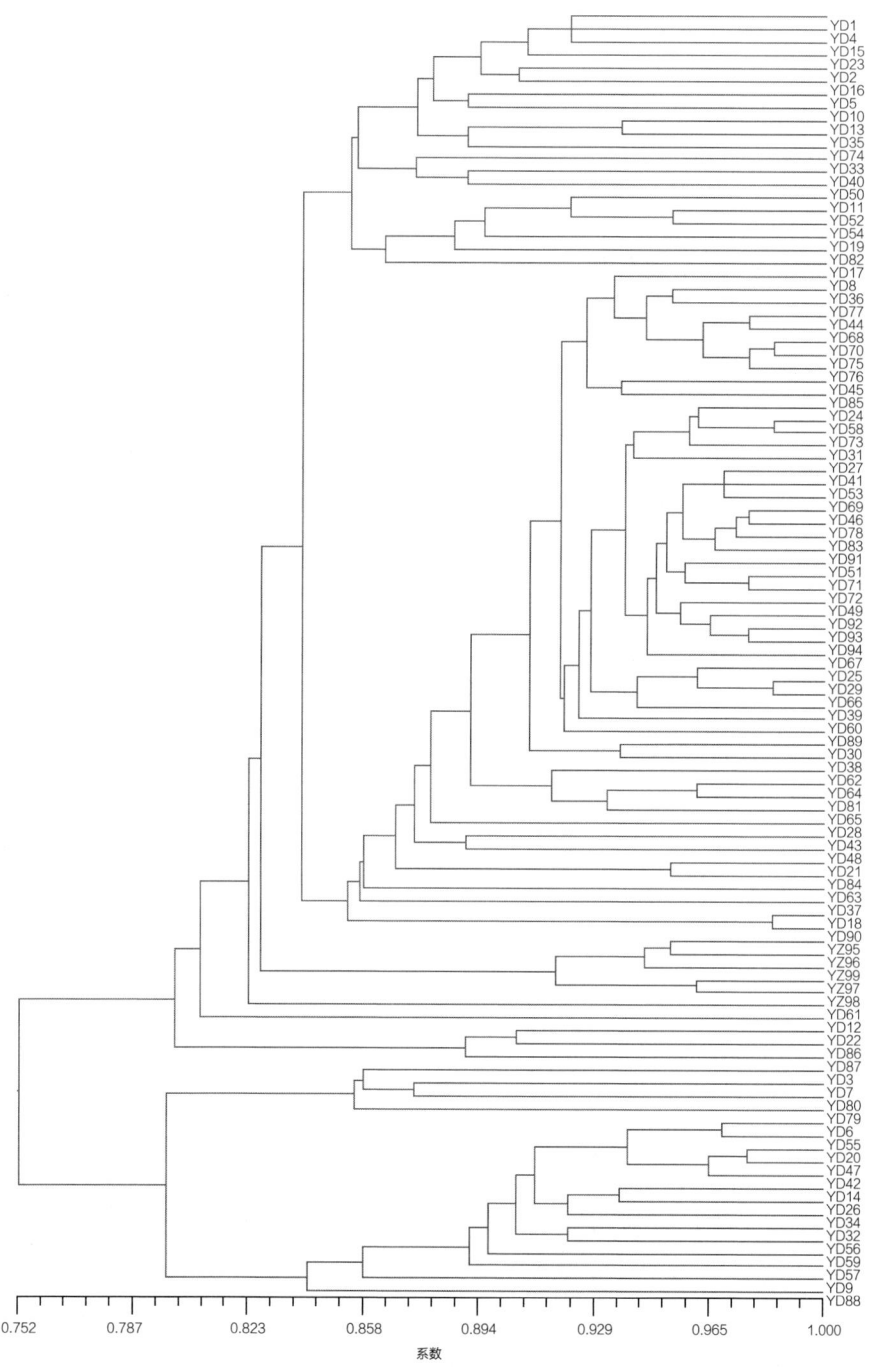

图4-3 99个菜豆品种聚类图

板桥豆（YD66）、帐钩豆（YD58）与然豆（YD73）、粉黄三分豆（YD70）与花梅豆（YD75），表明这4组品种间相似性较高，遗传差异较小。99份品种间相似系数变化范围0.5905~0.9842，能较好地反映供试材料种质间的差异，证明所选材料具有较好的代表性。

由图4-3可知，99份材料能被11对引物区分开，在遗传相似系数0.75处，将材料分为两大组群，在遗传相似系数0.84处两个组群还共分为9个亚组群。第Ⅰ组群分为3个亚组群。

第一亚组群：YD88（十八斤豆角）。共1个品种。

第二亚组群：YD9（大马掌），YD57（倒接豆），YD59（黄鸡扒豆），YD56（八月豆），YD32（四十天花豆），YD34（大红花腰子豆），YD26（小花洋豆），YD14（黄芸豆），YD42（罗纹豆），YD47（红连豆），YD20（杂花芸豆），YD55（白金豆），YD6（白花腰豆）。共13个品种。

第三亚组群：YD79（眉豆），YD80（黄芸豆），YD7（紫白花豆），YD3（兔子腿）。共4个品种。

第Ⅱ组群分为6个亚组群。

第一亚组群：YD22（品芸2号），YD86（五月黄黑豆），YD87（肉四季豆）。共3个品种。

第二亚组群：YD12（小黑芸豆）。共1个品种。

第三亚组群：YD67（小白洋豆）。共1个品种。

第四亚组群：YZ98（洋胡豆），YZ97（火红饭豆），YZ99（大花豆），YZ96（红花豆），YZ95（白荷包豆）。共5个品种。

第五亚组群：YD90（马架四季豆），YD18（黑花芸豆），YD37（硬壳花川豆），YD63（桩桩豆），YD84（白花豆），YD21（早油豆），YD48（灰连豆），YD43（图牧8号），YD28（硬壳豆），YD65（黑籽鳝豆），YD81（黑芸豆），YD64（鸡油豆），YD62（深红金豆），YD38（小洋豆），YD30（肉角豆），YD89（陕北豆），YD60（大红四季豆），YD39（大花洋豆），YD66（板桥豆），YD29（宽边豆），YD25（二花京豆），YD67（小白洋豆），YD94（坝芸1号），YD93（坝芸3号），YD92（牛筋条6号），YD49（黑芸豆），YD72（红刀豆），YD71（大粒红金花），YD51（黄芸豆），YD91（白露江），YD83（褐芸豆），YD78（白粒红豆），YD46（花芸豆），YD69（橘黄梅豆），YD53（芸豆），YD41（花芸豆），YD27（四

季豆)，YD31（长白南京），YD73（然豆），YD58（帐钩豆），YD24（黄花豆），YD85（老白芸豆），YD45（粳米1号），YD76（黑小红豆），YD75（花梅豆），YD70（粉黄三分豆），YD68（梅豆），YD44（黑连豆），YD77（红眉豆），YD36（本地川豆），YD8（花芸豆）。共51个品种。

第六亚组群：YD17（花脸豆），YD82（红芸豆），YD19（双色芸豆），YD54（苏小豆），YD52（紫芸豆），YD11（红花芸豆），YD50（花芸豆），YD40（扁紫连豆），YD33（早红豆），YD74（黑架豆），YD35（大白花川豆），YD13（特大荚），YD10（奶花芸豆），YD5（窝郎豆），YD16（60天还家），YD2（矮饭豆），YD23（小黄金2号），YD15（花脸豆），YD4（花腰豆），YD1（杂花豆1号）。共20个品种。

从聚类效果来看，第Ⅰ组群中除没有吉林品种外，其他省区的品种均有一部分；第Ⅱ组群包括9个省区的81个品种，在第Ⅱ组群中的第五、第六亚组群来自8个省区的71个品种，占87.65%，表明该部分材料亲缘关系较近，这可能与资源交流、相互引种密切相关。总体来看，除吉林的5个品种聚为1个亚群，其他品种并未完全按地区聚类。这表明群体结构已趋向多样化，不同地区资源聚集交错，群体结构与地理分布不完全相关。该结果也说明了近年来我国菜豆品种群体结构单一、遗传背景较为狭窄等问题。

第六节 菜豆群体间亲缘关系分析

虽来源不同的品种多样性与地理来源不完全相关，但部分种质资源在地理分布概率上还是具有一定相关性的，例如吉林的5个品种分布在一个亚群，黑龙江的10个品种（43%）分布在一个亚群，内蒙古的10个品种（67%）分布在一个亚群。为进一步探明种质遗传多样性与地理来源的相关性，依据分子标记数据，对9个省区的99份供试材料进行种群间分析。种群间的遗传相似系数和遗传距离矩阵见表4-6，利用Nei's遗传距离绘制9个省区的UPGMA聚类图（图4-4）。

表4-6 9个群体间遗传相似系数与遗传距离

地理来源	黑龙江	云南	内蒙古	贵州	山西	甘肃	陕西	河北	吉林
黑龙江	—	0.7185	0.7460	0.6726	0.5700	0.8128	0.6148	0.5570	0.1222
云南	0.3307	—	0.7869	0.8743	0.8213	0.7344	0.8792	0.7507	0.1325
内蒙古	0.2931	0.2397	—	0.7704	0.8847	0.7781	0.8767	0.8428	0.2083
贵州	0.3966	0.1343	0.2608	—	0.7706	0.8008	0.8401	0.7195	0.1161
山西	0.5621	0.1968	0.1225	0.2605	—	0.6665	0.8997	0.7832	0.1782
甘肃	0.2072	0.3087	0.2509	0.2222	0.4058	—	0.7400	0.5688	0.1462
陕西	0.4864	0.1288	0.1316	0.1743	0.1057	0.3011	—	0.8353	0.1722
河北	0.5852	0.2867	0.1710	0.3291	0.2444	0.5642	0.1800	—	0.1903
吉林	2.1017	2.0215	1.5689	2.1533	1.7246	1.9225	1.7590	1.6592	—

注：上三角为各群体间遗传相似系数，下三角为各群体间遗传距离。

表4-7 9个群体间遗传多样指数

地理来源	等位基因数	有效等位基因数	香农多样性指数	基因多样指数	多态位点百分率
黑龙江	6.8182 ± 2.2724	4.1492 ± 1.1654	1.5682 ± 0.3084	0.7414 ± 0.0713	100%
云南	4.9091 ± 2.1192	3.0765 ± 1.5997	1.1666 ± 0.5507	0.5722 ± 0.2382	100%
内蒙古	4.7273 ± 1.4206	2.5953 ± 0.5928	1.1499 ± 0.3083	0.592 ± 0.1138	100%
贵州	5.0000 ± 2.0494	2.891 ± 1.3499	1.1859 ± 0.4449	0.5862 ± 0.1894	100%
山西	3.0000 ± 1.2649	1.8971 ± 0.8889	0.6944 ± 0.4379	0.3817 ± 0.2328	90.91%
甘肃	3.2727 ± 1.1037	2.7136 ± 1.0043	1.0219 ± 0.3459	0.5863 ± 0.1416	100%
陕西	2.7273 ± 1.4894	2.1258 ± 1.0027	0.7281 ± 0.5571	0.4092 ± 0.2962	72.73%
河北	1.3636 ± 0.6742	1.2895 ± 0.6218	0.1987 ± 0.3716	0.1263 ± 0.2332	27.27%
吉林	1.9091 ± 1.0445	1.5993 ± 0.7771	0.4331 ± 0.4588	0.2655 ± 0.2701	54.55%

由表4-6可知，9个省区群体间相似系数0.1161～0.8997，其中吉林和贵州相似

系数最小，表明两省种质资源亲缘关系最远，陕西和山西相似系数最大，表明两省种质资源亲缘关系最近。

由表4-7可知，9个省区群体间平均等位基因数（N_a）为1.3636~6.8182，其中河北群体最少，黑龙江群体最多。各群体的多态位点百分率（P）差异较大，河北群体最低，为27.27%，黑龙江、云南、内蒙古、贵州及甘肃群体达到100%。香农多样性指数（I）为0.1987~1.5682，同样是黑龙江群体最高，河北群体最低，香农多样性指数越高，多样性就越丰富，且$I>1.3$的群体只有黑龙江群体，说明该群体具有较高的多样性。各省区群体间遗传多样性在地域之间有一定的差异性，黑龙江群体遗传多样性较高，河北最低。甘肃和陕西样本量相同，但是甘肃群体遗传多样性要略高于陕西群体。

聚类结果（图4-4）显示，在遗传相似系数0.1545处，参试的9个群体材料被分为两个类群，第一组群为吉林省群体，第二组群由其余8个省区群体构成。表明吉林省群体与其他省区群体亲缘关系较远。

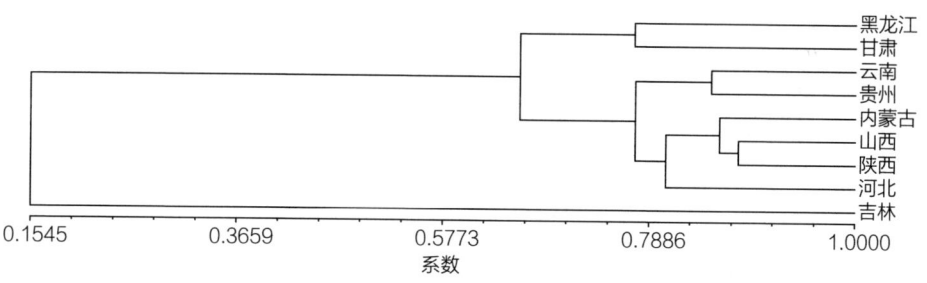

图4-4　9个群体聚类图

第七节　小结

表型标记多指农作物的表型性状，这类标记主要由作物的表型特征、生理状况和栽培环境等组成评价标准。表型标记具有检测结果直观、检测方法简单且不影响其生理活动等优势，成为植物品种的种质资源鉴定中重要组成方法之一。由于表型标记采用大量的形态指标作为前期数据基础，结合聚类分析进行鉴定，能够直接准确地反映出参试品种的综合农艺性状，进而得到较为准确的品种种质资源鉴定结果。但是表型标记也具有一定的缺陷，如试验观测周期较长、试验工作量大、品种的遗传稳定性差、易受环境的影响，并且可能存在一些标记与不良性状连锁。在传统表型性状聚类中，由于可供选择的性状较多，不同的研究角度可能对结果的一致性产生较大的影响。因此，必须选择种质间差异较大、种内稳定性较好的表型鉴定指标用于种质间的鉴别。王兰芬等收集2014—2015年在黑龙江省哈尔滨市、贵州省毕节市、河南省南阳市和海南省乐东县种植的686份普通菜豆种质资源，然后进行表型鉴定以明确在不同环境下的表型变异及生态适应性，结果表明不同品种的表型性状受种植环境和年限影响较大，且具有较高的变异度，其中株高的变异系数最大，单株荚数的变异系数次之，单荚粒数、荚长、荚宽变异程度较小。这表明株高、单株荚数、单荚粒数、荚长、荚宽等易受环境和年限影响，不适宜作为对不同地区、不同年代的种质资源进行鉴定分类。

由于现代分子生物学能够利用植物的遗传信息多态对不同品种在分子水平上进行区分，这在很大程度上能够弥补表型鉴定的局限性。本研究利用SSR荧光标记分析，利用筛选的11对核心引物9个不同地理来源的99个菜豆品种的遗传多样性，共检测出127个等位位点，每对引物检测出7~19个等位位点，平均11.54个，11对核心引物多态性信息量值0.5302~0.8686，平均0.7035，说明引物具有较高的多态性以及很强的区分能力。聚类分析结果表明，99份菜豆品种遗传相似系数为0.23~0.98，不同省区之间群体遗传多样性差异较大，黑龙江群体遗传多样性较丰富。Burle等利用分布于菜豆染色体组上的SSR标记对巴西普通菜豆种质进行遗传多样性分析，检测到群体平均有效等位变异数为6，与我国普通菜豆种质相当，但是种质群体的多态性信息含量（0.42）低于我国普通菜豆种质。Raggi等通过SSR标记对意大利普通菜豆种质群体进行多样性分析，其群体平均等位变异数为7.8个，低于我国普通菜豆种质群体。Zelalem等通过SSR标记对埃塞俄比亚普通菜豆种质群体进行多样性分析，检测到群体平均等位变异数8.8个，平均多态信息含量为0.564，均略高于我国普通菜豆种质群体。说明我国普通菜豆种质遗传多样性水平略高于或与其他次级起源中心相当。

SSR分子标记在实际应用中仍有一些问题，如引物筛选和多态性的高低导致部分材料仍不能被很好地区分，也不能排除种植时发生错误或"同物异名""异物同名"

的现象发生，对突变体的鉴别能力较弱。因此，建议选用多种标记结合的方式进行资源鉴定，以提高实验结果的可靠性。遗传多样性受群体数目及遗传背景影响，本研究所选数目不够全面，今后应进一步增加SSR标记的数量，扩大取样数量，对菜豆的遗传多样性和遗传结构进行更深入细致的分析，进一步明确菜豆种质资源的遗传多样性中心和次级起源中心，掌握我国菜豆资源遗传多样性的时空分布特点，为菜豆的遗传演化提供有力的分子证据。

第五章
菜豆品种指纹图谱的构建

第一节　实验材料与方法
第二节　菜豆品种指纹图谱的构建
第三节　单引物鉴别品种
第四节　小结

菜豆在我国农业生产中占有重要地位。种质的优良是菜豆高产稳产的基础，品种纯度低会对产量产生一定影响。随着菜豆品种数目增多和种质交流日趋频繁，容易导致假杂种或种子混杂，出现同名异物、同物异名等现象，因此，需要建立一种高效准确鉴别菜豆品种及检验纯度的方法，以达到对菜豆品种鉴别的目的，从而保护育种者的权益。

目前，针对菜豆品种的DNA指纹图谱的构建和应用研究还较少。本研究利用SSR标记，对我国部分菜豆品种进行初步的鉴定分析，建立一种高效便捷的菜豆品种分子鉴定的方法，为菜豆品种标准指纹图谱数据库的建立奠定基础，方便菜豆种子质量的追溯和管理。

第一节　实验材料与方法

一、实验材料

参试菜豆品种见第四章。引物见第三章。

二、实验方法

依据前期筛选的核心引物，对99个菜豆品种进行指纹图谱的构建（表5-1）。构建方法为，根据每对引物对不同品种扩增条带分子质量的大小，按照由小到大的顺序用英文字母进行编码，不同引物之间用"–"隔开，按照引物顺序进行编码，缺失条带用"*"表示。不同引物扩增的等位基因选择和赋值结果见表5-2。

表5-1 99份菜豆指纹图谱

品种	BM139							BM140								BM141							
序号	79	81	86	88	98	100	106	110	112	114	157	163	171	175	181	195	197	199	201	203	163	177	183	196	207	213	217	227	229	231
1	—																													
2					—								—										—							
3				—																									—	
4					—							—																		
5					—										—															
6		—																									—			
7								—									—											—		
8			—													—										—				
9		—																							—					
10										—								—						—						
11							—																—							—
12											*	*	*	*	*	*	*	*	*	*										
13	—																							—						
14	—																													

续表

品种	BM139								BM140								BM141								
序号	79	81	86	88	98	100	106	110	112	114	157	163	171	175	181	195	197	199	201	203	163	177	183	196	207	213	217	227	229	231
15																					—									
16	—																				—									
17													—																	
18	—										—																			
19									—			—					—													
20	—											—																		
21														—		—					—									
22							—								—															
23																														
24	—											—									—									
25	—																											—		
26	—											—									—									
27	—																									—				
28	—											—																	—	
29	—																				—									

第五章　菜豆品种指纹图谱的构建　　67

续表

品种	BM139							BM140								BM141							
序号	79	81	86	88	98	100	106	110	112	114	157	163	171	175	181	195	197	199	201	203	163	177	183	196	207	213	217	227	229	231
46	—											—										—								
47	—											—											—								
48		—											—											—							
49		—												—											—						
50	—				—										—										—						
51	—															—										—					
52	—							—									—										—				
53	—																—										—				
54	—							—					—														—				
55	—																											—			
56	—																			—									—		
57	—																			—										—	
58	—											—																		—	
59	—																				—										—

第五章 菜豆品种指纹图谱的构建　　69

续表

品种	BM139										BM140										BM141									
序号	79	81	86	88	98	100	106	110	112	114	157	163	171	175	181	195	197	199	201	203	163	177	183	196	207	213	217	227	229	231
75	—										—												—							
76	—											—										—								
77	—												—								—									
78	—										—														—					
79	*	*	*	*	*	*	*	*	*	*					—										—					
80	*	*	*	*	*	*	*	*	*	*							—									—				
81	—													—								—								
82								—										—												
83	—																		—								—			
84	—																			—			—							
85	—																				—									
86	—							—											—									—		
87	—							—														—								
88	—																			—									—	
89	—																			—		—								

第五章　菜豆品种指纹图谱的构建　　71

续表

品种	BM152													BM156											
序号	71	75	81	87	91	101	103	105	111	119	129	131	133	206	209	211	213	220	222	246	259	267	269	271	273
3																							ǀ		
4	ǀ																								
5					ǀ																				
6					ǀ										ǀ	ǀ									
7											ǀ										ǀ	ǀ			
8										ǀ	ǀ														
9										ǀ	ǀ														
10											ǀ						ǀ								ǀ
11																									
12							ǀ												ǀ						
13																									
14																									ǀ
15													ǀ							ǀ					
16													ǀ												

第五章 菜豆品种指纹图谱的构建

续表

品种	BM152												BM156										
序号	71	75	81	87	91	101	103	105	111	119	129	131	133	206	209	211	213	220	222	246	259	267	269	271	273
32											ǀ														
33					ǀ											ǀ								ǀ	
34							ǀ																		
35								ǀ								ǀ									ǀ
36																									
37					ǀ	ǀ							ǀ												
38												ǀ											ǀ		
39							ǀ	ǀ								ǀ									
40																				ǀ					
41							ǀ	ǀ																	
42																									
43																									
44							ǀ																		
45																									
46					ǀ												ǀ								

第五章 菜豆品种指纹图谱的构建　　75

续表

品种	BM152													BM156											
序号	71	75	81	87	91	101	103	105	111	119	129	131	133	206	209	211	213	220	222	246	259	267	269	271	273
62																									
63																									
64																									
65																									
66																									
67																									
68																									
69																									
70																									
71																									
72																									
73																									
74																									
75																									
76																									

第五章 菜豆品种指纹图谱的构建 77

续表

品种	BM152													BM156										
序号	71	75	81	87	91	101	103	105	111	119	129	131	133	206	209	211	213	220	222	246	259	267	269	271	273
92						—																			
93																—									
94									—								—								
95	—																			—					
96		—																		—					
97			—																	—					
98				—										—											
99					—																				

品种	BM160																BM164					BM172						
序号	177	179	182	184	186	200	202	204	206	212	214	218	233	235	255	257	259	261	263	137	143	145	152	158	164	174	176	178	75	77	79	83	95	97	103	107	109	111
1																													—									
2																																—						
3		—													—																			—				
4																																						—

第五章 菜豆品种指纹图谱的构建 79

续表

品种	BM160														BM164							BM172								
序号	177	179	182	184	186	200	202	204	206	212	214	218	233	235	255	257	259	261	263	137	143	145	152	158	164	174	176	178	75	77	79	83	95	97	103	107	109	111
20																																						
21	—																												—									
22		—																			—									—								
23				—																													—					
24						—																	—									—						
25											—																											
26							—																								—							
27					—																														—			
28						—																										—						
29									—																							—						
30		—																														—						
31	—																															—						
32																—																						
33											—																									—		
34																				—												—						

第五章　菜豆品种指纹图谱的构建

续表

品种	BM160														BM164								BM172								
序号	177	179	182	184	186	200	202	204	206	212	214	218	233	235	255	257	259	261	263	137	143	145	152	158	164	174	176	178	75	77	79	83	95	97	103	107	109	111
50																																						
51	ǀ																					ǀ								ǀ								
52					ǀ																												ǀ					
53					ǀ															ǀ														ǀ				
54																									ǀ							ǀ						
55							ǀ																									ǀ						
56							ǀ																	ǀ														
57																							ǀ															
58							ǀ																			ǀ												
59																ǀ															ǀ							
60							ǀ																							ǀ								
61																			ǀ									ǀ								ǀ		
62																		ǀ									ǀ											
63																					ǀ								ǀ									
64															ǀ														ǀ									

第五章 菜豆品种指纹图谱的构建

续表

品种	BM160													BM164							BM172									
序号	177	179	182	184	186	200	202	204	206	212	214	218	233	235	255	257	259	261	263	137	143	145	152	158	164	174	176	178	75	77	79	83	95	97	103	107	109	111
80																																						
81		—																			—									—								
82			—													—																						
83				—																			—							—								
84						—																		—														
85																																						
86			—																							—												
87				—																							—											
88																													*	*	*	*	*	*	*	*	*	*
89					—																							—										
90																													*	*	*	*	*	*	*	*	*	*
91															—												—											
92																	—											—										
93																										—												
94				—																							—											

第五章 菜豆品种指纹图谱的构建

品种	BM175							GATS91													BM157													
序号	147	156	168	172	183	185	187	215	227	229	231	233	235	237	250	252	255	257	261	267	88	95	110	113	117	122	135	153	170	180	183	197	205	210
1												|																						
2				|							|																							
3	|													|							*	*	*	*	*	*	*	*	*	*	*	*	*	*
4																|																		
5		|																				|							|					
6		|																		|	*	*	*	*	*	*	*	*	*	*	*	*	*	*
7					|																*	*	*	*	*	*	*	*	*	*	*	*	*	*
95		|																																
96		|																																
97				|																														
98				|																														
99							|																											

续表

品种	BM175	GATS91	BM157
序号	147 156 168 172 183 185 187	215 227 229 231 233 235 237 250 252 255 257 261 267	88 95 110 113 117 122 135 153 170 180 183 197 205 210
8			
9			
10			
11			
12			
13			
14			
15			
16			
17			
18			
19			
20			
21			
22			

第五章　菜豆品种指纹图谱的构建　　87

续表

品种	BM175	GATS91	BM157
序号	147 156 168 172 183 185 187	215 227 229 231 233 235 237 250 252 255 257 261 267	88 95 110 113 117 122 135 153 170 180 183 197 205 210
38			
39			
40			
41			
42			
43			
44			
45			
46			
47			
48			
49			
50			
51			
52			

第五章　菜豆品种指纹图谱的构建　　89

续表

品种	BM175	GATS91	BM157
序号	147 156 168 172 183 185 187	215 227 229 231 233 235 237 250 252 255 257 261 267	88 95 110 113 117 122 135 153 170 180 183 197 205 210
68	|		
69	|		
70	|	|	
71	|	|	
72	|	|	
73	|		
74	|	|	|
75	|	|	
76	|	|	
77		|	
78	|	|	
79	|	|	* * * * * * * * * * * *
80	|	|	* * * * * * * * * * * *
81	|	|	|
82	|	|	|
83	|		|

第五章　菜豆品种指纹图谱的构建　　91

注：*代表缺失条带。

表5-2 等位基因选择和赋值结果

引物	编码																		
	A	B	C	D	E	F	G	H	I	J	K	L	M	N	O	P	Q	R	S
BM139	79	81	86	88	98	100	106	110	112	114									
BM140	157	163	171	175	181	195	197	199	201	203									
BM141	163	177	183	196	207	213	217	227	229	231									
BM152	71	75	81	87	91	101	103	105	111	119	129	131	133						
BM156	206	209	211	213	220	222	246	259	267	269	271	273							
BM160	177	179	182	184	186	200	202	204	206	212	214	218	233	235	255	257	259	261	263
BM164	137	143	145	152	158	164	174	176	178										
BM172	75	77	79	83	95	97	103	107	109	111									
BM175	147	156	168	172	183	185	187												
GATS91	215	227	229	231	233	235	237	250	252	255	257	261	267						
BM157	88	95	110	113	117	122	135	153	257	261	267								

第二节 菜豆品种指纹图谱的构建

为了能够快速、准确地鉴定各个品种，建立菜豆种质的指纹图谱数据库，核心引物的筛选是比较重要的一步，经前期筛选共11对核心引物。99份供试材料经过11对引物扩增后，依据指纹图谱代码构建方法，对每份材料构建出一份区别于其他品种材料的指纹图谱代码，详见表5-3。

表5-3 99个菜豆品种指纹代码

品种编号	引物顺序 BM139-BM140-BM141-BM152-BM156-BM160-BM164-BM172-BM175-GATS91-BM157	品种编号	引物顺序 BM139-BM140-BM141-BM152-BM156-BM160-BM164-BM172-BM175-GATS91-BM157
YD1	AE-FF-CC-MM-LL-SS-HH-EE-CC-EE-II	YD16	EE-GG-HH-KK-LL-NN-HH-EE-CC-DD-BB
YD2	EE-HH-HH-KK-JJ-BB-GG-EE-CC-EE-CC	YD17	HH-HJ-FF-LL-KK-BO-GG-HH-DD-DD-EE
YD3	DD-CC-II-EE-DD-CQ-HH-BB-DD-DD-**	YD18	AA-AA-CC-EE-DD-CC-CC-**-BB-KK-AA
YD4	EE-FF-CC-LL-LL-JJ-II-EE-CC-EE-HH	YD19	II-GJ-GG-LL-CE-JJ-GG-II-CC-EE-LL
YD5	EE-GG-DG-EE-DD-AE-HH-EE-BB-AA-HH	YD20	AA-AD-CC-EE-BE-CC-CC-BB-BB-KK-**
YD6	AA-AA-GG-EE-DD-CC-CC-BB-BB-JJ-**	YD21	AA-DG-HH-KK-CL-CS-CC-BB-CC-EE-BB
YD7	HH-JJ-BF-KK-KK-II-GG-HH-DD-DD-**	YD22	JJ-AD-DD-AA-AD-CC-CC-BB-FF-EE-EE
YD8	AA-AA-**-JJ-KK-NN-CC-BB-BB-II-BB	YD23	EE-AD-DD-LL-JL-CC-HH-EE-CC-EE-GG
YD9	EE-AA-GG-JJ-KK-DD-GG-EE-CC-BB-**	YD24	AA-AA-CC-EE-DD-BB-CC-BB-BB-JJ-HH
YD10	FF-GG-CC-KK-LL-JJ-HH-FF-CC-AA-HH	YD25	AA-GG-CC-EE-DD-KK-CC-BB-BB-HH-AA
YD11	HH-FF-CH-LL-LL-JJ-GG-HH-BB-EE-AA	YD26	AA-GG-CC-CC-LL-CC-CC-BB-DD-KK-**
YD12	AA-**-DD-GG-DD-CC-CC-BB-BB-FF-FF	YD27	EE-AA-EE-EE-DD-BB-CC-HH-BB-II-BB
YD13	EE-GG-CC-JJ-EE-NN-GG-EE-CC-BB-HH	YD28	EE-AA-EE-BD-FF-BB-CC-BB-FF-HH-GG
YD14	AA-GG-CC-LL-LL-JJ-CC-BB-CC-EE-**	YD29	AA-GG-CC-EE-DD-KK-CC-BB-BB-KK-BB
YD15	EE-GG-CC-MM-GG-JJ-HH-EE-CC-EE-BB	YD30	AA-GG-CC-LL-KK-CC-CC-BB-BB-DD-II

续表

品种编号	引物顺序 BM139–BM1140–BM141–BM152–BM156–BM160–BM164–BM172–BM175–GATS91–BM157	品种编号	引物顺序 BM139–BM1140–BM141–BM152–BM156–BM160–BM164–BM172–BM175–GATS91–BM157
YD31	AA-AA-CC-EE-DD-BB-CC-BB-GG-II-AA	YD46	AA-AA-CG-EE-DD-RR-CC-BB-BB-KK-BB
YD32	AA-GJ-GJ-KK-KK-OO-CC-BB-DD-DD-**	YD47	AA-AA-CC-HH-FF-CC-CC-BB-BB-KK-**
YD33	GG-GG-FF-EI-KK-KK-GG-GG-DD-AA-CC	YD48	BB-AA-DD-EE-DD-CC-CC-BB-BB-KK-EE
YD34	AA-GG-CC-JJ-DF-SS-CC-BB-DD-AA-**	YD49	BB-AA-DD-EE-DD-CC-CC-BB-BB-II-BB
YD35	EE-EE-CC-JJ-KK-NN-CC-EE-CC-BB-DD	YD50	EE-AA-DD-EE-DD-AA-GG-EE-CD-II-CC
YD36	AA-AA-CC-DD-FF-BB-CC-BB-BB-HH-BB	YD51	AA-AA-CC-EE-DD-CC-AA-CC-BB-II-BK
YD37	AG-AI-CF-DM-FF-BB-CC-BB-BB-DD-CC	YD52	HH-GG-DD-KK-LL-JJ-GG-HH-CC-EE-AA
YD38	AA-AA-CC-LL-LL-CC-CC-BG-DD-DD-BB	YD53	AA-AA-CC-EE-DD-CC-CC-BB-BB-II-BB
YD39	AA-GG-CC-EE-FF-CC-CC-BB-BB-JJ-BB	YD54	HH-GG-DD-LL-CL-DJ-GG-HH-CC-EE-DD
YD40	HH-GG-FF-EE-LL-JJ-GG-EE-CC-II-JJ	YD55	AA-AA-CC-EE-DD-CC-CC-BB-DD-JJ-**
YD41	AA-AA-CC-EE-DD-FF-CC-BB-BB-II-BB	YD56	Z-DD-GG-HH-FF-BB-CC-BB-DD-LL-**
YD42	AA-AA-**-HH-FF-CC-CC-BB-BB-II-**	YD57	AA-DD-CC-DD-FF-DD-BF-BB-BB-JJ-**
YD43	DJ-AA-HH-EE-DD-CC-HH-JJ-CC-BB-EE	YD58	AA-AA-CC-EE-DD-BB-CC-BB-EE-JJ-BB
YD44	AA-AA-CC-HH-FF-GG-CC-BB-BB-CC-BB	YD59	AA-FF-FF-LL-LL-NN-CC-BB-CC-DD-**
YD45	AA-AA-DD-FF-FF-GG-CC-BB-BB-FF-BB	YD60	AA-AA-CC-EE-DD-BC-CC-AA-BD-HH-JJ

YD61	JJ-CC-GG-JJ-HH-HS-HH-JJ-DD-DD-CC	YD76	AA-AA-CC-HH-FF-DD-CC-BB-BB-KK-BB
YD62	AA-GG-GG-EE-DD-DO-CC-BB-CC-DD-CC	YD77	AA-AA-CC-HH-FF-BB-CC-BB-EE-JJ-BB
YD63	AA-FF-FF-LL-JJ-NN-AE-BB-CC-DD-BB	YD78	AA-AA-GG-EE-DD-CC-CC-BB-BB-II-BB
YD64	AA-AA-JJ-EE-DD-CP-CC-BB-CC-DD-CL	YD79	**-AA-CC-HH-FF-BB-CC-AA-BB-KK-**
YD65	AA-AA-II-EE-DD-CF-HH-BB-DD-DD-CC	YD80	**-GG-GG-LL-BL-CC-GG-HH-CC-EE-**
YD66	AA-GG-CC-EE-DD-KK-CC-AA-BB-KK-BB	YD81	AA-AA-JJ-EE-DD-RR-HH-BB-CC-DD-CC
YD67	AA-CC-AA-EE-DD-CC-CC-BB-DD-II-CC	YD82	HH-GG-GG-JJ-II-CP-GG-HH-CC-DD-AA
YD68	AA-CC-AA-HH-DD-CC-CC-BB-BB-II-BB	YD83	AA-AA-CC-EE-DD-CC-CC-BB-BB-MM-BB
YD69	AA-CC-AA-EE-DD-FF-BB-BB-BB-II-BB	YD84	AA-GG-GG-KK-LL-GR-CC-BB-CC-EE-BB
YD70	AA-CC-AA-HH-FF-DD-CC-CC-BB-BB-II-BB	YD85	AA-AA-CC-FF-FF-CC-HH-BB-GG-LL-BB
YD71	AA-CC-AA-EE-CE-EE-CC-AA-BB-II-BB	YD86	DD-AA-HH-FF-GG-CC-CC-BB-EE-LL-BB
YD72	AA-CC-AA-EE-DD-EE-CC-AA-BB-II-BB	YD87	DD-AA-CD-HK-FF-BC-CC-BB-BB-JJ-AA
YD73	AA-CC-AA-EE-DD-BB-CC-BB-EE-II-BB	YD88	AA-GG-GG-DD-FF-CC-CC-Z-BB-JJ-**
YD74	BB-AA-GG-KK-II-MM-CG-EE-BB-BB-DD	YD89	AA-AA-CE-EH-DD-BB-CC-BB-BB-IK-CC
YD75	AA-AA-FF-HH-FF-DD-CC-BB-BB-II-BB	YD90	AA-AA-CC-EE-DD-CC-CC-**-BB-II-AA

续表

品种编号	引物顺序 BM139–BM140–BM141–BM152–BM156–BM160–BM164–BM172–BM175–GATS91–BM157	品种编号	引物顺序 BM139–BM140–BM141–BM152–BM156–BM160–BM164–BM172–BM175–GATS91–BM157
YD91	AA-DD-CC-EE-DD-CC-CC-BB-BB-II-BB	YZ96	CC-AA-BB-AA-FF-CC-DD-DD-AA-BG-KK
YD92	BB-AA-EE-EE-DD-QQ-CC-BB-BB-JJ-JJ	YZ97	CC-BB-AB-AA-AA-LL-DD-DD-AA-FF-MN
YD93	AA-AA-EE-EE-DD-QQ-CC-BB-BB-II-JJ	YZ98	CC-BB-BB-AA-FF-LL-DD-DD-AA-FF-KM
YD94	EE-AA-EE-EE-DD-QQ-CC-BB-BB-II-BJ	YZ99	CC-AA-BB-AA-FF-CC-DD-DD-AA-FF-JM
YZ95	CC-AA-CC-AA-FF-CC-DD-DD-AA-BF-JJ		

注：*代表缺失条带。

由表5-3可知，任意两个品种的DNA指纹图谱都不相同，差异引物数均在1个以上，可判断出99份供试菜豆是不同的品种，且所对应的指纹代码是该品种所特有的指纹，即100%的种质得到区分，平均每对引物能区分9份种质。可作为材料的特异指纹，用于材料鉴定和保护。

第三节 单引物鉴别品种

利用11对核心引物对99个菜豆品种指纹分析，其中8对引物能够区分特定的品种（表5-4），即该引物能产生特异条带。

表5-4 1对引物就能区分的种质

引物名称	品种名称及其具有的特异等位基因编码
BM139	双色芸豆（I）
BM140	大白花川豆（E），硬壳花川豆（I）
BM152	小黑芸豆（G），小花洋豆（C），硬壳豆（B），早红豆（I）
BM156	捧豆（H）
BM160	捧豆（H），黑架豆（M）
BM164	花腰豆（I）
GATS91	褐芸豆（M），红花豆（G）
BM157	小黑芸豆（F），火红饭豆（N）

注：括号内字母表示该引物在某一种质下的特有扩增条带的编码。

由表5-4可知，引物BM139可以特异地鉴别双色芸豆1个品种；引物BM140可鉴别大白花川豆与硬壳花川豆2个品种；引物BM152可鉴别小黑芸豆、小花洋豆、硬壳豆及早红豆4个品种；引物BM156可鉴别捧豆1个品种；引物BM160可鉴别捧豆与黑架豆2个品种；引物BM164可鉴别花腰豆1个品种；引物GATS91可鉴别褐芸豆与红花豆2个品种；引物BM157可鉴别小黑芸豆与火红饭豆2个品种。

引物BM139等位位点C即条带86bp是吉林省群体特有条带，吉林省的5个品种均扩增出86bp，其他品种未扩增出。同样引物BM164、BM172及BM175分别扩增出条带152bp、83bp及147bp是吉林省品种特有的，其他省份未扩增出。

判断两品种是否为同一品种的标准是：品种间引物差异位点数≥2，判定为不同品种；品种间引物差异位点数=1，判定为近似品种；品种间引物差异位点数=0，判定为疑似同种。宽边豆（YD29）与板桥豆（YD66）是近缘品种，只有引物BM172能将其区分开。黑花芸豆（YD18）与马架四季豆（YD90）也是近缘品种，只有引物GAYS91能将两者鉴别。

第四节　小结

本研究利用11对核心引物构建了99份菜豆的指纹图谱，每份材料的指纹图谱具有唯一性。SSR标记适用于构建菜豆品种（系）的DNA指纹图谱库，可为今后菜豆品种鉴定提供技术支持。

目前，分子标记指纹表示方法主要有以下几种：①以电泳图谱图片的方式表示品种指纹。②以符号的方式表示，用两种符号表示扩增条带的有和无，表示不同扩增结果。③以数字的方式表示，有带记为1，无带记为0。④以片段大小的方式表示，将所得产物大小统计排列。前两种方法较适合材料数目少的群体，第三种方法对条带的统计工作量较大，且存在一定视觉误差，第四种方法的前提是需准确判断条带大小。本研究基于SSR荧光标记可准确获得产物片段大小，将片段大小转换成字母编码的形式，直观性强，可判断出等位变异的数目，纯合子与杂合子的情况。同时记录方便，适合于数目较大的群体的指纹图谱的构建。在构建材料指纹过程中，随着菜豆品种数目的增多，本研究中筛选的11对核心引物可能不能将有些品种鉴别开，需增加新的SSR引物或与其他类型的分子标记一同使用来进行品种鉴定。

在本研究选取的材料中，相同名称的品种有黄芸豆（YD14、YD51、YD80）、花芸豆（YD8、YD41、YD46），经过指纹图谱鉴定发现，相同名称的黄芸豆、花芸豆指纹图谱均不相同，差异引物数均>2，表明YD14、YD51、YD80是同名异物，同样YD8、YD41、YD46是同名异物。表明本研究构建的指纹图谱能够将相同名称品种鉴别开。

SSR品种鉴定技术能够检测到DNA水平上一些细微的差异。但是一些在形态特征上有明显差异的品种，可能在较少引物的鉴别中扩增带型相同，即所选引物不一定保证能够鉴别。表型性状有差异的类型并不一定都是基因的差异，分子标记的指纹差异也并不一定在表型性状上有所表达。所以，品种鉴定并不能以DNA指纹差异作为唯一依据。需以应用目的为出发点，按照应用要求进行相应的鉴定。

第六章

谷子 SSR 核心引物筛选

第一节　实验材料与方法
第二节　谷子基因组的提取及检测
第三节　谷子SSR核心引物筛选
第四节　谷子SSR核心引物分析
第五节　小结

随着分子生物学的不断发展，DNA分子标记技术为作物品种鉴定提供新思路，为种子纯度真实性检测指明前进方向，并逐步应用于作物品种鉴定检测和遗传多样性分析等相关研究。随着SSR标记的迅猛发展，此项技术已经十分纯熟，研究基础较强，宜进行大面积推广应用。目前谷子基因组测序工作已完成，对于谷子地方品种DNA水平上的多样性研究还处于起步阶段，对谷子农艺性状的调查也相对较少。通过对谷子种质资源的调查以及遗传多样性分析，能够为全面开发与利用这些基因资源提供有效参考和依据，有利于多样种质资源的管理与保存。

第一节　实验材料与方法

一、实验材料

为更多的体现谷子种质资源的多样性，在前期农艺经济性状研究和分子标记研究的基础上选择了15种谷子种质作为参比种质。谷子材料种植于25℃温室内，取发芽后10~15d的谷子幼芽，液氮冷冻后放入-80℃超低温冰箱中保存备用，谷子品种信息见表6-1。

表6-1　15种谷子品种信息

序号	资源库号	实验编号	名称	序号	资源库号	实验编号	名称
1	00001318	CS01	盖州红	5	00000011	FS01	老来变
2	00001319	CS02	鸭子嘴	6	00000053	FS02	红黏谷
3	00001320	CS03	大头黄	7	00000058	FS03	刀把齐
4	00001533	CS04	大白毛	8	00000070	FS04	钱串子

续表

序号	资源库号	实验编号	名称	序号	资源库号	实验编号	名称
9	00000090	FS05	大青苗	13	00000198	FS09	鸭子嘴
10	00000098	FS06	黄黏谷	14	00000523	FS10	大粒黄
11	00000122	FS07	红谷子	15	00000529	FS11	红苗谷
12	00000136	FS08	黄谷				

二、实验方法

（一）谷子样品DNA的提取

取发芽后10～15d的谷子幼芽，液氮冷冻后放入-80℃超低温冰箱中保存备用，按以下步骤提取谷子基因组DNA。

（1）将实验所需研钵高压灭菌，使用前需提前预冷；将CTAB提取液于65℃水浴中提前预热30min，氯仿-异戊醇混合液（体积比24∶1）置于-20℃冰箱中预冷备用；

（2）使用少量液氮将研钵预冷，取0.05g谷子冻干叶片，加入液氮充分研磨至粉末状，快速转入2mL离心管中，加入0.7mL提前预热的CTAB提取液，充分振荡摇匀，然后转入65℃水浴锅中保温1.5h，期间轻轻摇匀2～4次；

（3）随后加入等体积（0.7mL）氯仿-异戊醇混合液（体积比24∶1），充分摇匀；

（4）室温下10000r/min离心15min，吸取上清液于新的1.5mL离心管中，加入1/10体积的10%CTAB和等体积的氯仿-异戊醇混合液（体积比24∶1），静置10min；

（5）室温下10000r/min离心10min，吸取上清液于新的1.5mL离心管中，加入1/2体积的5mol/L NaCl溶液和2/3体积的异丙醇，充分混匀后置-20℃中2h；

（6）取出离心管，10000r/min离心10min，倒掉上清液，收集沉淀，用70%乙醇轻轻洗涤沉淀2次，无水乙醇洗涤1次，将离心管倒置吸水纸上，待DNA干燥；

（7）干燥后，加入50μL无菌水溶解，4℃放置8h，使DNA充分溶解；

（8）充分溶解后，加入1.5μL RNA酶溶液（4mg/mL），37℃水浴1h，-20℃保存备用。

（二）DNA浓度与质量的检测

利用分光光度法和琼脂糖凝胶电泳法对所提取谷子样品基因组DNA的浓度及纯度进行检测。

取5μL提取的谷子基因组DNA样品，用无菌水稀释至500μL，通过Bio Photometer Plus测定OD_{260}/OD_{280}的比值和DNA的浓度。OD_{260}/OD_{280}的比值在1.7~2.0时，说明所提取的DNA样品为较纯的DNA，对不合格的样品进行再次提取。

取5μL提取的谷子基因组DNA样品与1μL 6×上样缓冲液充分混合，在电压100V、1%琼脂糖凝胶及1×TAE缓冲液条件下电泳30min。在UVP凝胶成像系统中观察，若条带无拖尾，点样孔处无亮条，说明样品无降解，没有蛋白质等杂质，质量符合实验要求。

（三）PCR反应体系与程序

PCR反应总体积为25μL，包括10×PCR缓冲液2.5μL，$MgCl_2$（25mmol/L）3μL，dNTP（10mmol/L）1.25μL，正向引物（10mmol/L）1μL，反向引物（10mmol/L）1μL，Taq酶（5U/μL）0.2μL，模板DNA（50ng/μL）1μL，无菌水16.5μL。

PCR反应程序为：94℃预变性3min；94℃变性45s，50℃退火30s，72℃延伸30s，共30个循环；72℃延伸10min，4℃保存。

（四）琼脂糖凝胶电泳检测

取6μL PCR扩增产物，用3%的琼脂糖在1×TAE缓冲液中5V/cm的电压电泳1~1.5h后于UVP凝胶成像系统中拍照。

（五）聚丙烯酰胺电泳检测

PCR扩增产物利用8%非变性聚丙烯酰胺电泳检测，电泳后经硝酸银染色观察结果，具体步骤如下。

（1）用洗涤剂认真清洗玻璃板，无菌水反复擦洗之后晾干，再用95%乙醇擦洗两次；

(2)将玻璃板置于擦拭干净的桌面上晾干备用，待玻璃板上乙醇挥发完全，将玻璃板小心地安装于制胶架中，安装时应戴橡胶手套，避免手上的油脂污染玻璃板表面；

(3)配制8%聚丙烯酰胺凝胶溶液（20mL），见表6-2；

表6-2　8%聚丙烯酰胺凝胶溶液（20mL）

组分	加入量/mL
30%丙烯酰胺	5.3
5×TBE	4.0
10%过硫酸铵	0.14
四甲基乙二胺（TEMED）	0.013
无菌水	10.5

(4)立即将配制好的聚丙烯酰胺凝胶溶液注入玻璃板的空隙内，灌胶过程中应注意防止气泡产生，然后将合适的梳子插入凝胶溶液中，静置1.5h使凝胶溶液充分聚合；

(5)待凝胶溶液充分聚合后，小心拔出梳子，将胶板组装到电泳槽上，向电泳槽内加入1.0×TBE缓冲液至缓冲液没过梳子孔；

(6)在PCR扩增产物中加入6×上样缓冲液3μL充分混合，每个加样孔上样量为1.5μL；

(7)上样完毕后连接电泳仪，在120V电压下电泳1.5h；

(8)电泳完成后，小心将凝胶移入装有无菌水的染色盘中，轻轻摇洗，弃去无菌水，重复一次；

(9)向染色盘中加入固定液（4.6mL乙酸，100mL乙醇，100mL无菌水），摇床振荡5min，弃去固定液，用无菌水轻轻冲洗10s；

(10)向染色盘中加入0.2%硝酸银染色液（0.4g $AgNO_3$，200mL无菌水，现用现配），摇床振荡7min，弃去染色液，无菌水轻轻冲洗两次；

(11)向染色盘中加入显色液（3.2g NaOH，0.8mL甲醛，200mL无菌水，甲醛现用现加）轻轻摇洗10s后弃去，加入新的显色液，轻摇至条带清晰为止；

(12)弃去显色液,用无菌水轻轻漂洗凝胶;

(13)观察拍照,记录。

(六)数据统计与分析

观察PCR产物电泳结果,Gel-Pro analyzer软件统计稳定且易于分辨的差异性条带,谱带按0/1系统记录,有此带时赋值为"1",无此带时赋值为"0",得到相应谷子品种的"0、1"矩阵。记录结果利用Popgene 32软件计算位点杂合度、多态性信息含量(PIC)、香农多样性指数(I)、有效等位基因数(Ne)等遗传多样性数据;利用NTSYS 2.10e软件计算遗传相似系数(GS)。

(七)谷子SSR核心引物的筛选和确定

选用4个来源于不同基因组谷子的参比种质(CS01~CS04),对本实验中选用的130对SSR引物进行初筛,根据扩增产物多态性,选出在不同基因组谷子之间都有差异的引物。然后再用11个参比种质材料(FS01~FS11)对这些多态性引物进行复筛,筛选出条带清晰稳定、重复性好、信号强的引物作为谷子SSR核心引物。

第二节 谷子基因组的提取及检测

根据所述的谷子基因组提取方法,对参比材料进行DNA的提取。经Bio Photometer Plus测定OD_{260}/OD_{280}的比值和DNA的浓度。OD_{260}/OD_{280}的比值均为1.7~2.0,说明所提取的DNA样品为较纯的DNA。得到的DNA溶液经1%琼脂糖凝胶电泳检测后,谷子DNA条带清晰明亮(图6-1),无降解现象,DNA完整性好,均能满足PCR的要求。

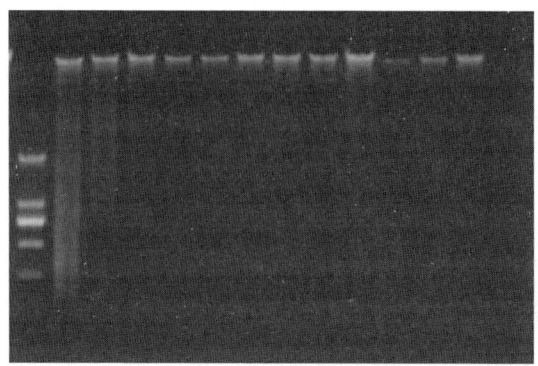

图6-1 谷子DNA检测图片

第三节 谷子SSR核心引物筛选

选用4个来源于不同基因组谷子的参比种质（CS01~CS04），对本实验中合成的130对SSR引物进行初筛（图6-2），根据扩增产物多态性，选出45对在不同基因组谷子之间都有差异的引物；然后再用11个参比种质材料（FS01~FS11）对这些多态性引物进行复筛（图6-3），最后选出条带清晰、便于统计，且在不同谷子种质间有良好多态性的8对引物作为SSR核心引物，谷子SSR核心引物扩增的结果见表6-3。

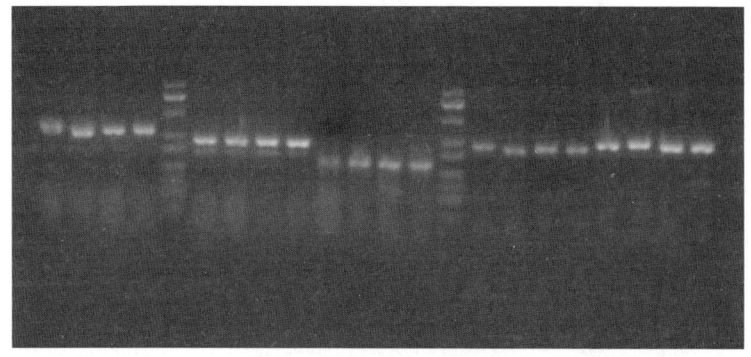

图6-2 初筛琼脂糖电泳图片

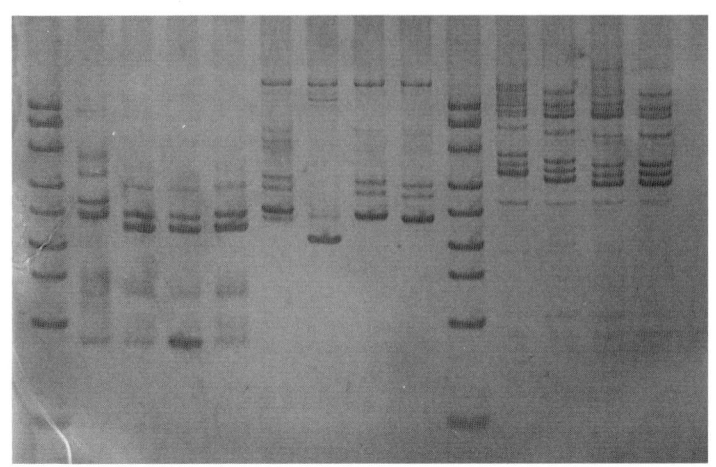

图6-3 复筛聚丙烯酰胺凝胶电泳图片

在所用的130对引物中有效扩增引物有104对,占总扩增引物的77.0%;在不同基因组谷子间具有多态性的引物为45对,占有效扩增引物的43.3%;根据11个谷子品种扩增结果,从中选取扩增效果好、条带清晰、多态性好、PIC大于0.55、能较好区分不同种质间差异的8对进行多样性分析,并将这些引物作为谷子种质资源鉴别的SSR核心引物。

表6-3 谷子SSR核心引物扩增结果

引物编号	解链温度/℃	序列（5′→3′）	N_a	N_e	PIC	I
CG1467	45	F：ATCTCGTCTCTCCCCCAACT R：GGATGGACGGTGAGATGACT	6	4.939	0.768	1.682
EG7563	50	F：ATGAGGGTCCGGCTTTATTT R：ATGCATCCACCACCACAATA	4	2.898	0.603	1.208
GG4871	50	F：GCCACAAGTTACTTCCCTGTTC R：TAGGGCGACCCAAATTGTTA	6	5.500	0.792	1.745
HG13568	50	F：GGTGGAGCTTCTGTAGCTGG R：CCCCCACAATCACAAGAACT	5	3.921	0.708	1.487
JG13656	50	F：TCCAAGTAAAATGCATGATCG R：CCTTCAATTCCGTGCCTAAA	5	4.000	0.708	1.470

续表

引物编号	解链温度/℃	序列（5'→3'）	N_a	N_e	PIC	I
KG9814	50	F: CCCCACGTACTTGCTTCTTT R: TTGTTCTTGAAATGCCCTGTT	4	3.508	0.661	1.305
NG13783	50	F: CCCAATCCAGACTTACCCTG R: AGTCCTGGGCATAACAAAGC	6	4.172	0.724	1.577
OG9034	50	F: TGCTGGTCGCAGTACTTGAT R: TCCTCTGCTCTGCTCTCCTC	4	3.227	0.627	1.227
平均值		—	5	4.021	0.698	1.463

第四节 谷子SSR核心引物分析

根据扩增结果，8对谷子SSR引物共得到40个等位基因，平均每对引物5个等位基因；各引物的多态性信息含量（PIC）为0.603~0.792，平均值为0.698，其中扩增多态性最好的引物为GG4871和CG1467；有效等位基因数（N_e）为2.898~5.500，平均值为4.021；香农多样性指数（I）为1.208~1.745，平均值为1.463。结果表明，参比谷子样品具有较丰富的遗传多样性，且筛选确定的核心引物均具有良好的多态性潜力。

根据SSR分析得到各品种0、1字符，利用NTsys-pc 2.11计算出11个谷子品种间的遗传相似系数（表6-4），遗传相似系数为1，则为同一个品种，遗传相似系数不为1，则不是一个品种。各品种间遗传相似系数为0.3182~0.9091，FS07与FS08之间的遗传相似系数最小，FS01与FS03遗传相似系数最大，11个品种的平均遗传相似系数为0.6008；由此可以看出，这8对引物能有效区分11个谷子品种，且筛选确定的核心引物均具有良好的多态性潜力。

表6-4　11个谷子品种间的遗传相似系数

	FS01	FS02	FS03	FS04	FS05	FS06	FS07	FS08	FS09	FS10	FS11
FS01	1.0000	—	—	—	—	—	—	—	—	—	—
FS02	0.5909	1.0000	—	—	—	—	—	—	—	—	—
FS03	0.9091	0.5909	1.0000	—	—	—	—	—	—	—	—
FS04	0.5909	0.5455	0.5909	1.0000	—	—	—	—	—	—	—
FS05	0.6818	0.6364	0.6818	0.5455	1.0000	—	—	—	—	—	—
FS06	0.7273	0.5000	0.6364	0.6818	0.5909	1.0000	—	—	—	—	—
FS07	0.6364	0.6818	0.7273	0.4091	0.6818	0.3636	1.0000	—	—	—	—
FS08	0.5909	0.5455	0.5000	0.8182	0.6364	0.7727	0.3182	1.0000	—	—	—
FS09	0.6364	0.5000	0.5455	0.4091	0.7727	0.5455	0.6364	0.5909	1.0000	—	—
FS10	0.8182	0.5909	0.7273	0.5909	0.5000	0.5455	0.5455	0.5909	0.5455	1.0000	—
FS11	0.5909	0.5455	0.5909	0.4545	0.7273	0.4091	0.7727	0.4545	0.7277	0.5000	1.0000

第五节　小结

随着遗传多样性研究的深入发展，遗传多样性标记已从传统的以表型识别为基础的形态标记、以染色体的核型和带型分化为特征的细胞学标记以及以同工酶标记和种子贮藏蛋白为主的生化标记，拓展到目前广泛开展的以DNA多态性为基础的DNA分子标记，并成为谷子遗传多样性研究最有效的技术手段之一。

引物多态性越强，越能够准确地反映实验材料间的差异，因此筛选出一套具有高多态性的核心引物是十分必要的。在所用的130对引物中有效扩增引物有104对，占总扩增引物的77.0%；在不同基因组谷子间具有多态性的引物为45对，占有效扩增引物的43.3%；根据11个谷子品种扩增结果，从中选取扩增效果好、条带清晰、多态性好、PIC大于0.55、能较好区分不同种质间差异的8对进行了多样性分析，将这些引物作为谷子种质资源鉴别的SSR核心引物。8对谷子SSR引物共得到40个等位基因，平均每对引物5个等位基因；各引物的多态性信息含量（PIC）为0.603~0.792，平均值为0.698，有效等位基因数（N_e）为2.898~5.500，平均值为4.021。说明所选用的引物具有较高的多态性，能较好地反映出11份谷子品种的基因型多样性，可用于谷子品种种质分析。

第七章
谷子种质资源的遗传多样性分析

第一节　实验材料与方法

第二节　谷子SSR核心引物多态性分析

第三节　谷子品种遗传相似系数及聚类分析

第四节　不同省市（自治区）谷子品种遗传多样性分析

第五节　不同省市（自治区）谷子品种聚类分析

第六节　不同生态区谷子品种遗传多样性分析

第七节　不同生态区谷子品种聚类分析

第八节　小结

遗传多样性有广义和狭义之分。广义的遗传多样性是指遗传信息的总和，蕴藏在地球上植物、动物和微生物个体的基因中。狭义的遗传多样性则是从群体遗传学角度来讲，指种内不同群体间及其群体内不同个体间遗传变异的总和。我们一般讲的多指狭义的遗传多样性，它是生物进化和适应环境变化的基础，种内遗传多样性越丰富或遗传变异越高，说明其对环境变化的适应能力越强。

作物种质资源遗传多样性的研究，对了解种质遗传变异的大小、时空演化的进度及其所处的生态环境、地理分布和气候条件的关系，加深对种质进化和分类的认识，尤其对于确定作物育种方案，进行作物遗传育种改良都有重要意义。在作物育种中，为了广泛深入地了解、解决制约种质资源有效利用的问题，更好、更有效地选择利用种质资源，一方面要尽可能地丰富种质资源的遗传多样性，另一方面要深入全面地了解种质资源。只有这样才能更好地研究、利用种质资源，为种质的创制，品种的遗传改良，新品种的选育等提供合理可行的理论数据及物质基础材料。

我国至今缺少具有一定规模、一定水平的谷子原种、原种扩繁基地，这限制了谷子产业化发展和农业产业结构调整；同时谷子品种单一，混杂、退化现象严重，品质下降，产量低而不稳定，大多数品种的产量和品质之间有突出的矛盾，低产优质或高产劣质。这对谷子生产的发展有较大的影响。要想培育出高产、优质的谷子品种，就必须综合考虑谷子的遗传因素、环境因素和栽培管理因素。在上述几个因素中，遗传因素是十分重要的。

近年来，谷子育种家们利用不断发展的科学技术手段对谷子种质资源的遗传多样性开展了较为全面而系统的研究，促进了谷子的生产发展和育种成效，但尚缺乏系统的归纳和总结。

第一节 实验材料与方法

一、实验材料

本实验选取全国6个生态区［东北平原（D）、华北平原（B）、内蒙古高原（N）、黄土高原（T）、淮河以南（H）和西北内陆（X）］中21个省市（自治区）［黑龙江（DH）、吉林（DJ）、辽宁（DL）、北京（BJ）、河北（BB）、河南（BN）、山东（BD）、山西（TS）、陕西（TX）、宁夏（TN）、内蒙古（NN）、山西（雁北）（NY）、广西（HX）、贵州（HG）、湖北（HB）、湖南（HH）、云南（HY）、西藏（HZ）、海南（HN）、新疆（XQ）和青海（XX）］的135个谷子品种（图7-1）。谷子样品由国家种质资源库提供，品种名称、库编号及来源地见表7-1。

表7-1 135份谷子品种信息

序号	实验编号	统一编号	中期库号	名称	生态区	省市（自治区）
1	DH01	00000011	Z1I03186	老来变	东北平原	黑龙江
2	DH02	00000053	Z1I03194	红黏谷	东北平原	黑龙江
3	DH03	00000058	Z1I06302	刀把齐	东北平原	黑龙江
4	DH04	00000067	Z1I06303	勾根红	东北平原	黑龙江
5	DH05	00000070	Z1I03203	钱串子	东北平原	黑龙江
6	DH06	00000090	Z1I03214	大青苗	东北平原	黑龙江
7	DH07	00000098	Z1I03218	黄黏谷	东北平原	黑龙江
8	DH08	00000122	Z1I03231	红谷子	东北平原	黑龙江
9	DH09	00000136	Z1I06322	黄谷	东北平原	黑龙江
10	DH10	00000198	Z1I01897	鸭子嘴	东北平原	黑龙江
11	DH11	00000523	Z1I02106	大粒黄	东北平原	黑龙江
12	DH12	00000529	Z1I02111	红苗谷	东北平原	黑龙江

续表

序号	实验编号	统一编号	中期库号	名称	生态区	省市（自治区）
13	DJ01	00000971	Z1I15561	龙爪	东北平原	吉林
14	DJ02	00000972	Z1I05112	小白谷	东北平原	吉林
15	DJ03	00000975	Z1I15925	钱串	东北平原	吉林
16	DJ04	00000979	Z1I15564	刀把齐	东北平原	吉林
17	DJ05	00000983	Z1I15566	大粒黄	东北平原	吉林
18	DJ06	00001144	Z1I05175	白沙谷	东北平原	吉林
19	DJ07	00001149	Z1I05176	气死风	东北平原	吉林
20	DJ08	00001158	Z1I05178	老来变	东北平原	吉林
21	DJ09	00001159	Z1I05179	小金苗	东北平原	吉林
22	DJ10	00001161	Z1I05180	大斗黄	东北平原	吉林
23	DL01	00001289	Z1I00803	老头背	东北平原	辽宁
24	DL02	00001290	Z1I00804	黄黏谷	东北平原	辽宁
25	DL03	00001292	Z1I00805	大粒黄	东北平原	辽宁
26	DL05	00001294	Z1I08425	水红根	东北平原	辽宁
27	DL06	00001318	Z1I00812	盖州红	东北平原	辽宁
28	DL07	00001319	Z1I08437	鸭子嘴	东北平原	辽宁
29	DL08	00001320	Z1I08438	大头黄	东北平原	辽宁
30	DL09	00001533	Z1I08552	大白毛	东北平原	辽宁
31	DL10	00001540	Z1I08557	糜子亮	东北平原	辽宁
32	DL11	00015491	Z1I13313	友谊谷	东北平原	辽宁
33	BJ01	00008217	Z1I01619	黑黏谷	华北平原	北京
34	BJ02	00008218	Z1I00209	五爪黄黏谷	华北平原	北京
35	BJ03	00008228	Z1I11934	四玉红	华北平原	北京
36	BJ05	00008310	Z1I11966	嘎嘎青	华北平原	北京
37	BJ06	00008317	Z1I11971	钻头白	华北平原	北京

续表

序号	实验编号	统一编号	中期库号	名称	生态区	省市（自治区）
38	BJ07	00008320	Z1I11974	紫根白	华北平原	北京
39	BJ08	00008323	Z1I13224	昌平谷	华北平原	北京
40	BJ09	00008325	Z1I11978	双桥富兴庄	华北平原	北京
41	BB01	00008342	Z1I07558	小旱谷	华北平原	河北
42	BB02	00008343	Z1I14265	耧狸秀	华北平原	河北
43	BB03	00008344	Z1I07559	小黄谷	华北平原	河北
44	BB04	00008364	Z1I07574	大叶黄谷	华北平原	河北
45	BB05	00009383	Z1I13234	紫梗刀把齐	华北平原	河北
46	BB06	00012203	Z1I06126	钱串紧谷	华北平原	河北
47	BB07	00012209	Z1I06132	四寸红根	华北平原	河北
48	BB08	00012213	Z1I06135	红根绳子头	华北平原	河北
49	BB09	00012215	Z1I06137	细皮白谷	华北平原	河北
50	BB10	00022002	Z1I08643	母鸡嘴	华北平原	河北
51	BN01	00009701	Z1I00902	大满谷	华北平原	河南
52	BN02	00009702	Z1I00903	干尖糙	华北平原	河南
53	BN03	00009703	Z1I00904	六十天还仓	华北平原	河南
54	BN04	00009704	Z1I00905	缰绳头	华北平原	河南
55	BN05	00009705	Z1I00906	金苗黄	华北平原	河南
56	BN06	00009706	Z1I00907	磨里谷	华北平原	河南
57	BN07	00009707	Z1I00908	小紫苗谷	华北平原	河南
58	BN08	00009834	Z1I01036	红酒谷	华北平原	河南
59	BN09	00020449	Z1I14024	黑谷	华北平原	河南
60	BD01	00011261	Z1I08678	钱串子	华北平原	山东
61	BD02	00011262	Z1I10910	骡子尾	华北平原	山东
62	BD03	00011269	Z1I01411	鸟谷	华北平原	山东

续表

序号	实验编号	统一编号	中期库号	名称	生态区	省市（自治区）
63	BD04	00011274	Z1I01414	蓬莱麦茬谷	华北平原	山东
64	BD05	00011276	Z1I01416	小绳头	华北平原	山东
65	BD06	00011277	Z1I04653	红苗金耙齿	华北平原	山东
66	BD07	00011279	Z1I08681	竹叶红	华北平原	山东
67	BD08	00013056	Z1I06879	野鸡令	华北平原	山东
68	BD09	00013951	Z1I01676	红苗绳头子	华北平原	山东
69	BD10	00013964	Z1I13943	大鹅脖	华北平原	山东
70	NN01	00001571	Z1I11475	棒子熟	内蒙古高原	内蒙古
71	NN02	00001572	Z1I00125	八沟道	内蒙古高原	内蒙古
72	NN03	00001573	Z1I00126	干尖子	内蒙古高原	内蒙古
73	NN04	00001574	Z1I00127	竹叶青	内蒙古高原	内蒙古
74	NN05	00001631	Z1I11484	二青苗	内蒙古高原	内蒙古
75	NN06	00003008	Z1I02971	二白谷	内蒙古高原	内蒙古
76	NN07	00003017	Z1I02977	蒜皮白谷	内蒙古高原	内蒙古
77	NN08	00003021	Z1I02981	玉黄谷	内蒙古高原	内蒙古
78	NN09	00015493	Z1I12664	齐头红	内蒙古高原	内蒙古
79	NY01	00004584	Z1I08133	黄钱串	内蒙古高原	山西（雁北）
80	NY02	00004591	Z1I08134	紫杆谷	内蒙古高原	山西（雁北）
81	NY03	00004609	Z1I08141	白露黄	内蒙古高原	山西（雁北）
82	NY04	00004610	Z1I02492	压塌车	内蒙古高原	山西（雁北）
83	NY05	00004611	Z1I02493	张纯一	内蒙古高原	山西（雁北）
84	NY06	00004612	Z1I02494	黑谷	内蒙古高原	山西（雁北）
85	TX01	00018197	Z1I15803	青颗谷	黄土高原	陕西
86	TX03	00018199	Z1I15804	大黑谷	黄土高原	陕西
87	TX04	00018210	Z1I15809	小卜谷	黄土高原	陕西

续表

序号	实验编号	统一编号	中期库号	名称	生态区	省市（自治区）
88	TX05	00018211	ZlI15936	白毛粮谷	黄土高原	陕西
89	TX06	00018403	ZlI13340	红穗谷	黄土高原	陕西
90	TN01	00018732	ZlI15838	等身齐	黄土高原	宁夏
91	TN02	00018740	ZlI15839	城关红黏谷	黄土高原	宁夏
92	TN03	00018747	ZlI13341	狼尾巴	黄土高原	宁夏
93	TN04	00018751	ZlI15647	小苗谷	黄土高原	宁夏
94	TS01	00004927	ZlI03451	黄软谷	黄土高原	山西
95	TS02	00004952	ZlI03454	小白谷	黄土高原	山西
96	TS03	00004953	ZlI03455	紫根谷	黄土高原	山西
97	TS04	00004956	ZlI03456	七月红	黄土高原	山西
98	TS05	00004957	ZlI03457	红谷子	黄土高原	山西
99	TS06	00004965	ZlI03458	八十日黄	黄土高原	山西
100	TS07	00005894	ZlI00573	狼尾巴	黄土高原	山西
101	TS08	00005897	ZlI08207	白流沙	黄土高原	山西
102	TS09	00014308	ZlI14382	押死车1	黄土高原	山西
103	TS10	00014321	ZlI01787	白沁州黄	黄土高原	山西
104	TS11	00017144	ZlI10095	鹌鹑谷	黄土高原	山西
105	TS12	00017146	ZlI10097	露米黄	黄土高原	山西
106	TS13	00017149	ZlI11827	小软谷	黄土高原	山西
107	HX01	00014650	ZlI00404	覃搪小米	淮河以南	广西
108	HX02	00014652	ZlI00405	狗尾粟	淮河以南	广西
109	HX03	00014653	ZlI00406	忻城小米	淮河以南	广西
110	HG01	00014636	ZlI14632	贵筑耳锅寨	淮河以南	贵州
111	HG02	00014637	ZlI14633	垆山牛场	淮河以南	贵州
112	HG03	00014638	ZlI14634	黔南农家种	淮河以南	贵州

续表

序号	实验编号	统一编号	中期库号	名称	生态区	省市（自治区）
113	HB01	00015152	Z1I13310	吃喝谷	淮河以南	湖北
114	HB02	00015183	Z1I14273	珠沙糯	淮河以南	湖北
115	HB03	00015273	Z1I14693	羊毛糯	淮河以南	湖北
116	HH01	00014619	Z1I14624	早籼小米	淮河以南	湖南
117	HH02	00014620	Z1I00402	黄那糯	淮河以南	湖南
118	HH03	00014623	Z1I00403	大头糯	淮河以南	湖南
119	HH04	00014625	Z1I14625	黄棒头	淮河以南	湖南
120	HY01	00014654	Z1I15620	糯小米垂牛	淮河以南	云南
121	HY02	00014656	Z1I15621	早熟小米	淮河以南	云南
122	HY03	00014659	Z1I15622	独龙江小米	淮河以南	云南
123	HY04	00014667	Z1I15623	竹阱谷子	淮河以南	云南
124	HZ01	00014676	Z1I15624	江村谷	淮河以南	西藏
125	HZ02	00014677	Z1I15625	陈塘谷	淮河以南	西藏
126	HN01	00014627	Z1I14626	黄壳狗尾粟	淮河以南	海南
127	HN02	00014632	Z1I14629	狗尾粟（粳小米）	淮河以南	海南
128	HN03	00014635	Z1I14631	狗尾粟（糯小粟）	淮河以南	海南
129	XQ01	00014610	Z1I14621	米泉谷子	西北内陆	新疆
130	XQ02	00018822	Z1I15648	二白谷	西北内陆	新疆
131	XQ03	00018830	Z1I15840	沙里滚谷	西北内陆	新疆
132	XQ04	00018855	Z1I14274	黄谷	西北内陆	新疆
133	XX01	00018759	Z1I13342	红二谷	西北内陆	青海
134	XX02	00025655	Z1I13427	金猫爪指	西北内陆	青海
135	XX03	00025663	Z1I13429	黄砂石	西北内陆	青海

图7-1　谷子样品图片

利用第六章中筛选得到的8对谷子SSR核心引物，荧光引物为美亿美公司产品（HPLC级）。SSR引物的5'端用6-FAM进行荧光标记，详见表7-2。

表7-2　8对谷子SSR核心引物信息

引物编号	NCBI 编号	重复单元	序列（5'→3'）	解链温度/℃
CG1467	16595019	$(TCA)_{20}$	F：ATCTCGTCTCTCCCCCAACT R：GGATGGACGGTGAGATGACT	45
EG7563	16602696	$(ATAC)_{30}$	F：ATGAGGGTCCGGCTTTATTT R：ATGCATCCACCACCACAATA	50
GG4871	16599705	$(TACA)_{24}$	F：GCCACAAGTTACTTCCCTGTTC R：TAGGGCGACCCAAATTGTTA	50
HG13568	16593795	$(TC)_{34}$	F：GGTGGAGCTTCTGTAGCTGG R：CCCCCACAATCACAAGAACT	50
JG13656	16593893	$(TA)_{19}$	F：TCCAAGTAAAATGCATGATCG R：CCTTCAATTCCGTGCCTAAA	50
KG9814	16605197	$(AT)_{28}$	F：CCCCACGTACTTGCTTCTTT R：TTGTTCTTGAAATGCCCTGTT	50
NG13783	16594034	$(AT)_{21}$	F：CCCAATCCAGACTTACCCTG R：AGTCCTGGGCATAACAAAGC	50
OG9034	16604331	$(CTT)_{19}$	F：TGCTGGTCGCAGTACTTGAT R：TCCTCTGCTCTGCTCTCCTC	50

二、实验方法

（一）谷子品种DNA的提取

取发芽后10~15d的谷子幼芽，液氮冷冻后放入-80℃超低温冰箱中保存备用，按以下步骤提取谷子基因组DNA。

（1）将实验所需研钵高压灭菌，使用前需提前预冷；将CTAB提取液于65℃水浴中提前预热30min，氯仿-异戊醇混合液（体积比24：1）置于-20℃冰箱中预冷备用；

（2）使用少量液氮将研钵预冷，取0.05g谷子冻干叶片，加入液氮充分研磨至粉末状，快速转入2mL离心管中，加入0.7mL提前预热的CTAB提取液，充分振荡摇匀，然后转入65℃水浴锅中保温1.5h，期间轻轻摇匀2~4次；

（3）随后加入等体积（0.7mL）氯仿-异戊醇混合液（体积比24：1），充分摇匀；

（4）室温下10000r/min离心15min，吸取上清液于新的1.5mL离心管中，加入1/10体积的10%CTAB和等体积的氯仿-异戊醇混合液（体积比24：1），静置10min；

（5）室温下10000r/min离心10min，吸取上清液于新的1.5mL离心管中，加入1/2体积的5mol/L NaCl溶液和2/3体积的异丙醇，充分混匀后置于-20℃中2h；

（6）取出离心管，10000r/min离心10min，倒掉上清液，收集沉淀，用70%乙醇轻轻洗涤沉淀2次，无水乙醇洗涤1次，将离心管倒置于吸水纸上，待DNA干燥；

（7）干燥后，加入50μL无菌水溶解，4℃放置8h，使DNA充分溶解；

（8）充分溶解后，加入1.5μL RNA酶溶液（4mg/mL），37℃水浴1h，-20℃保存备用。

（二）DNA浓度与质量的检测

利用分光光度法和琼脂糖凝胶电泳法对所提取谷子样品基因组DNA的浓度及纯度进行检测。

取5μL提取的谷子基因组DNA样品，用无菌水稀释至500μL，通过Bio Photometer Plus测定OD_{260}/OD_{280}的比值和DNA的浓度。OD_{260}/OD_{280}的比值为1.7~2.0，说明所提取的DNA样品为较纯的DNA，对不合格的样品进行再次提取。

取5μL提取的谷子基因组DNA样品与1μL 6×上样缓冲液充分混合,在电压100V、1%琼脂糖凝胶及1×TAE缓冲液条件下电泳30min。在UVP凝胶成像系统中观察,若条带无拖尾,点样孔处无亮条,说明样品无降解,没有蛋白质等杂质,质量符合实验要求。

(三)PCR反应体系与程序

PCR反应总体积为25μL,包括10×PCR缓冲液2.5μL,$MgCl_2$(25mmol/L)3μL,dNTP(10mmol/L)1.25μL,正向引物(10mmol/L)1μL,反向引物(10mmol/L)1μL,Taq酶(5U/μL)0.2μL,模板DNA(50ng/μL)1μL,无菌水16.5μL。

PCR反应程序为:94℃预变性3min;94℃变性45s,50℃退火30s,72℃延伸30s,共30个循环;72℃延伸10min,4℃保存。

(四)琼脂糖凝胶电泳检测

取6μL PCR扩增产物,用3%的琼脂糖在1×TAE缓冲液中5V/cm的电压电泳1~1.5h后,于UVP凝胶成像系统中拍照。

(五)毛细管电泳检测

将甲酰胺与分子质量内标按100:1的体积比混匀后,取15μL加入上样板中,再加入1μL稀释10倍的PCR产物。然后使用3730XL测序仪进行毛细管电泳,利用Genemarker中Fragment(Plant)片段分析软件对测序仪得到的原始数据进行分析,将各泳道内分子质量内标的位置与各样品峰值的位置做比较分析,得到片段大小。

(六)数据统计与分析

一个引物为一个等位基因位点,将每个样品在各个等位基因位点的片段大小,即其现型,按照Convert 1.31软件要求的格式录入到Excel中,然后用Convert 1.31软件转化成Popgene软件所要求格式。使用Popgene 32软件进行统计分析。

用Popgene 32软件计算以下参数。(1)有效等位基因数(N_e);(2)期望杂合度(H_e),观察杂合度(H_o);(3)PIC:通过Popgene 32计算出群体的基因型频率,再通过PIC小软件计算。

用遗传相似系数(genetic similarity,GS)和遗传距离(genetic distance,GD)

来衡量各种群之间的遗传分化大小。基于遗传相似系数，采用UPGMA法对各种群进行聚类分析，构建系统发育树。

第二节　谷子SSR核心引物多态性分析

种质资源遗传多样性是育种的基础，通过遗传多样性的研究可以从整体上把握该物种的资源，为使用者提供重要信息。随着现代生物技术的不断发展，谷子遗传多样性的检测也逐渐深入到分子水平，进而提高了育种效率，为杂交谷子育种提供理论支持。利用之前实验筛选得到的8对谷子SSR核心引物分别对135份谷子品种进行扩增并利用毛细管电泳对扩增产物进行检测（图7-2和表7-3），共得到184个等位基因（表7-4），不同引物扩增的等位基因数略有不同，为15~31个，平均每对引物23个等位基因。期望杂合度（H_e）为0.779~0.949，平均值为0.885，观察杂合度（H_o）为0.150~0.955，平均值为0.669。Nei's基因多样性指数为0.776~0.946，平均值0.881。各多态位点的多态信息指数为0.744~0.943，平均值为0.872，其中JG13656的多态信息指数最高。多态性信息含量（PIC）是衡量基因变异程度的多态信息含量指标，当PIC<0.25时，该位点为低度多态性位点；当0.25<PIC<0.5时，该位点为中度多态性位点；当PIC>0.5时，该位点为高度多态性位点。综上可知，所选用的8对引物均为高度多态性信息引物，能较好地反映出135份谷子品种的基因多样性，可用于谷子品种种质分析。

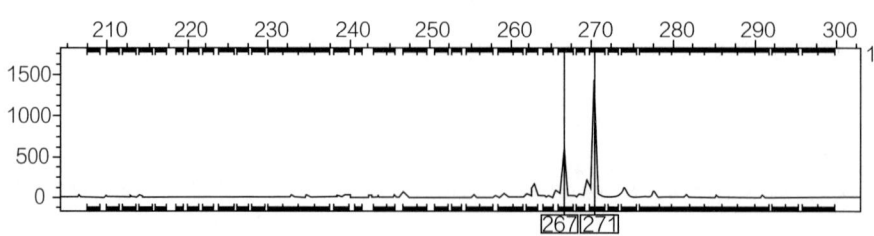

第七章　谷子种质资源的遗传多样性分析　　125

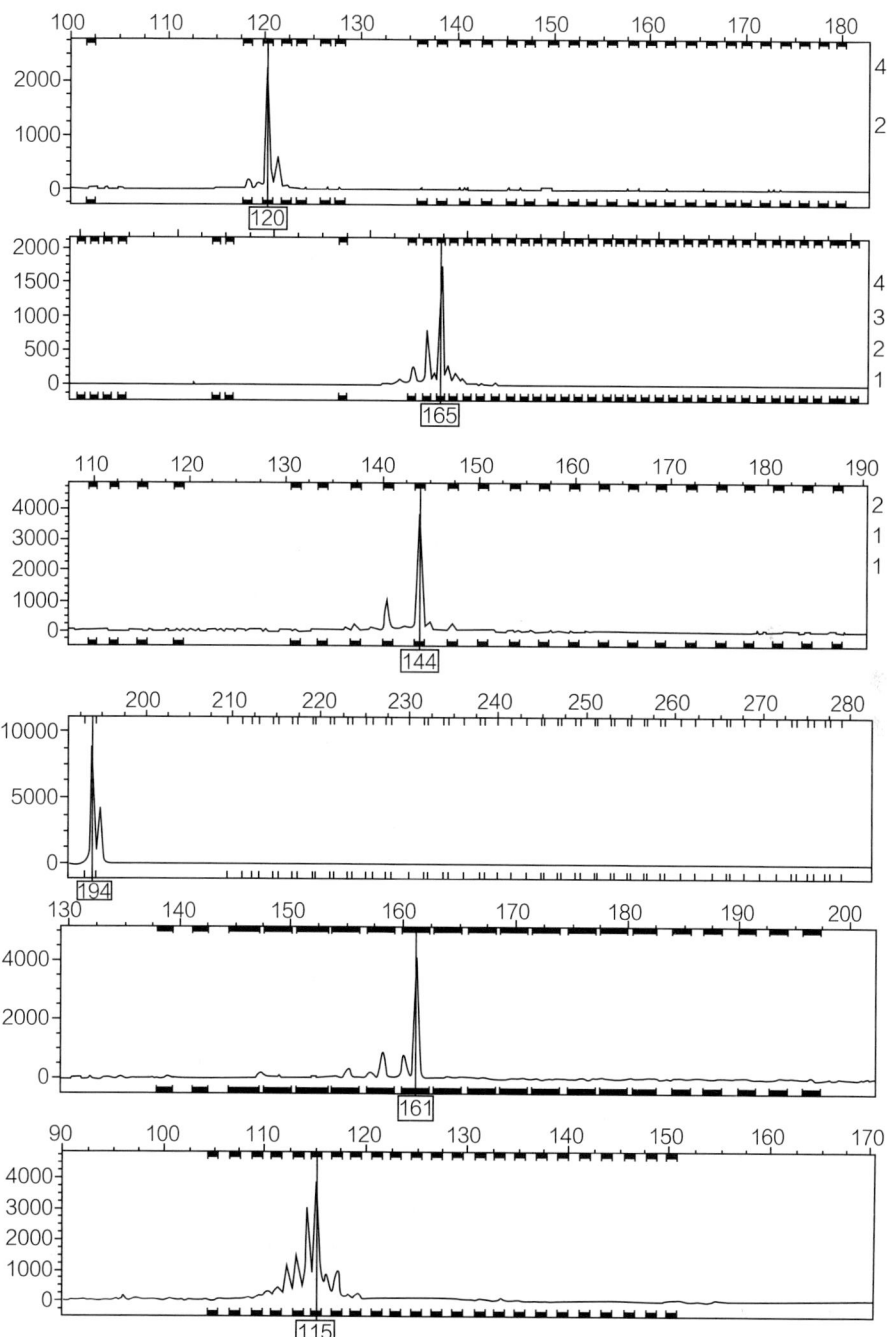

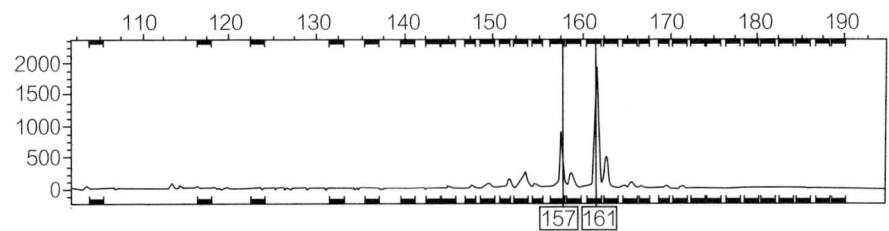

图7-2 谷子品种BB01毛细管电泳结果

横坐标表示扩增片段长度，单位 bp；纵坐标表示荧光强度，单位 A.U.

表7-3 135个谷子品种SSR数据

实验编号	CG1467		EG7563		GG4871		HG13568		JG13656		KG9814		NG13783		OG9034	
BB01	161	161	251	255	157	161	165	165	256	256	120	120	115	115	144	144
BB02	152	152	239	243	117	117	165	165	227	227	102	102	135	135	144	144
BB03	170	170	263	267	157	161	215	215	244	244	170	170	115	115	144	144
BB04	155	161	235	235	117	117	173	173	231	231	158	158	119	119	144	144
BB05	152	158	243	275	161	165	165	165	222	222	120	120	115	125	141	144
BB06	155	155	271	275	157	161	165	165	231	248	122	122	117	117	144	147
BB07	155	155	251	255	117	117	165	165	254	254	166	166	115	115	144	144
BB08	155	155	251	255	181	185	165	193	248	248	162	162	117	117	150	150
BB09	149	149	247	251	117	169	191	191	273	273	120	120	117	117	141	169
BB10	155	167	243	247	153	157	185	205	212	212	120	146	115	125	147	147
BD01	155	155	247	251	157	161	185	185	229	229	120	120	115	115	147	150
BD02	158	158	243	247	173	177	191	191	224	224	164	164	115	115	147	147
BD03	152	152	247	251	157	161	165	165	227	227	168	168	115	115	147	147
BD04	155	155	247	251	169	173	165	165	273	273	156	156	115	115	141	141
BD05	155	155	259	263	165	169	165	165	224	224	152	152	115	115	144	144
BD06	155	155	235	235	177	181	165	165	224	224	160	160	115	115	144	144
BD07	176	176	243	247	161	165	165	165	256	256	156	156	115	115	147	147
BD08	155	155	267	271	145	149	165	165	252	252	160	160	115	115	150	150
BD09	152	155	243	243	165	169	173	173	224	224	166	166	115	115	144	147
BD10	155	155	235	235	169	173	191	191	224	224	120	120	115	115	141	150

续表

实验编号	CG1467		EG7563		GG4871		HG13568		JG13656		KG9814		NG13783		OG9034	
BJ01	149	149	263	267	149	153	169	169	233	233	170	170	117	117	144	144
BJ02	158	158	277	281	165	169	191	191	246	246	162	162	115	115	144	144
BJ03	—	—	275	277	157	161	171	171	250	250	120	120	119	119	147	147
BJ05	152	161	263	267	157	161	195	205	224	224	162	162	117	117	144	144
BJ06	155	158	247	251	161	165	167	167	227	227	146	146	115	115	144	147
BJ07	155	155	271	275	157	161	165	165	227	227	120	162	117	117	144	144
BJ08	161	161	247	251	153	157	165	165	224	224	120	164	119	119	144	144
BJ09	149	149	243	243	145	149	173	173	252	252	162	162	123	123	144	144
BN01	167	167	259	263	161	165	165	165	269	269	154	154	125	125	144	144
BN02	176	176	263	267	157	161	117	151	224	224	152	152	115	115	141	141
BN03	152	152	263	267	153	157	173	173	224	224	160	160	115	115	144	144
BN04	149	149	251	255	117	117	171	171	227	227	168	168	115	115	147	147
BN05	170	170	271	275	165	169	171	171	229	229	168	168	119	119	134	134
BN06	170	170	271	275	165	169	171	171	229	229	168	168	121	121	134	134
BN07	155	158	263	267	105	177	113	165	258	258	148	160	125	125	144	147
BN08	152	152	255	259	153	157	165	165	239	239	166	166	117	117	144	144
BN09	149	149	255	259	157	161	165	165	233	233	160	160	117	117	147	147
DH01	164	164	213	213	183	187	197	197	246	246	—	—	131	131	141	141
DH02	167	167	213	213	145	149	219	219	214	214	120	120	137	137	181	184
DH03	164	167	213	213	123	123	171	171	244	244	120	156	135	135	144	147
DH04	164	164	213	213	183	187	171	197	246	246	152	152	131	131	184	187
DH05	167	167	213	213	117	117	171	171	244	244	154	154	123	123	141	144
DH06	158	158	213	213	105	123	197	197	244	244	116	116	123	123	144	144
DH07	167	167	213	213	123	165	165	197	244	244	120	120	133	133	141	141
DH08	164	173	213	213	161	187	171	197	244	244	120	154	137	137	141	144
DH09	164	164	213	213	177	187	171	197	229	252	120	120	121	129	141	147

续表

实验编号	CG1467		EG7563		GG4871		HG13568		JG13656		KG9814		NG13783		OG9034	
DH10	164	164	213	221	157	161	165	171	231	231	120	152	131	131	175	178
DH11	142	142	221	221	157	161	207	207	235	235	162	162	129	129	150	150
DH12	142	142	217	217	117	153	171	211	248	248	120	152	131	131	175	178
DJ01	167	167	271	275	117	169	165	197	248	248	148	156	115	115	119	147
DJ02	142	142	213	213	145	149	165	213	248	248	122	168	131	131	157	160
DJ03	170	170	221	221	173	177	171	171	258	258	120	120	117	117	110	110
DJ04	158	158	255	259	161	165	165	165	256	256	150	150	115	115	147	147
DJ05	149	152	221	225	117	123	197	197	248	248	120	166	135	135	144	175
DJ06	149	158	255	275	149	173	113	165	227	250	120	120	115	121	144	147
DJ07	161	161	239	243	157	161	187	187	262	262	160	160	135	135	150	150
DJ08	167	167	255	281	145	149	217	217	246	246	120	120	117	117	147	147
DJ09	158	158	221	221	145	149	171	171	246	246	158	158	133	133	147	147
DJ10	158	158	255	259	153	157	165	171	246	260	120	120	137	137	147	147
DL01	176	179	251	255	165	169	165	165	244	244	160	160	115	115	147	147
DL02	179	179	251	255	169	173	165	205	246	246	162	162	119	119	147	147
DL03	149	149	263	267	117	117	203	203	224	265	162	162	119	119	150	150
DL05	142	142	267	271	149	153	165	165	248	248	166	166	115	115	144	144
DL06	167	167	247	251	161	169	165	165	258	258	120	120	117	117	141	144
DL07	161	161	247	251	117	117	171	171	224	224	162	162	119	119	147	147
DL08	155	155	251	255	169	173	193	205	227	227	120	160	119	119	147	150
DL09	170	170	251	255	173	177	205	205	246	246	162	162	119	119	147	147
DL10	170	170	267	271	105	105	165	165	227	227	158	158	131	131	150	150
DL11	182	182	247	251	117	117	165	165	256	256	156	156	125	125	150	150
HB01	149	149	259	263	117	117	217	217	224	224	166	166	125	125	147	147
HB02	155	155	251	255	157	161	191	191	239	239	154	154	133	133	144	144
HB03	158	158	259	263	149	153	171	171	194	194	154	154	135	135	144	144

续表

实验编号	CG1467		EG7563		GG4871		HG13568		JG13656		KG9814		NG13783		OG9034	
HG01	155	155	239	259	165	177	165	165	227	244	120	120	115	115	144	147
HG02	146	164	235	239	117	157	173	173	227	227	120	158	117	117	134	144
HG03	155	170	239	263	117	161	197	197	242	242	118	118	129	129	144	166
HH01	164	164	235	239	149	153	201	201	242	242	140	140	121	121	—	—
HH02	161	161	263	267	153	157	115	133	242	242	122	122	117	117	169	172
HH03	146	146	259	263	132	136	171	171	250	250	166	166	111	111	163	166
HH04	197	197	247	251	157	161	207	207	227	227	174	174	121	121	—	—
HN01	176	176	293	297	117	117	191	191	244	244	150	150	121	121	144	144
HN02	164	164	247	251	117	117	211	211	246	246	152	152	125	125	144	144
HN03	155	155	235	239	117	117	207	207	254	254	148	148	129	129	144	144
HX01	167	167	247	251	149	153	171	171	260	260	154	154	146	146	137	137
HX02	170	170	247	251	117	117	205	205	265	265	156	156	117	117	144	144
HX03	158	158	259	263	117	117	207	207	214	214	160	160	131	131	141	141
HY01	179	182	251	255	161	165	201	201	254	254	150	150	123	123	115	115
HY02	164	164	239	259	161	165	199	199	262	262	150	150	125	125	166	169
HY03	176	179	263	267	136	136	197	197	254	254	154	154	125	125	166	169
HY04	164	173	221	263	169	177	165	205	252	252	160	160	115	115	144	144
HZ01	167	167	245	249	—	—	207	207	231	231	122	122	129	129	—	—
HZ02	158	158	253	257	149	153	203	203	224	224	166	166	127	127	—	—
NN01	167	167	289	293	165	169	215	215	265	265	120	120	121	121	147	147
NN02	161	161	277	281	145	149	215	215	275	275	120	120	137	137	147	147
NN03	158	158	255	259	153	157	187	187	237	237	120	120	135	135	147	147
NN04	158	161	235	235	157	165	187	215	237	267	120	120	123	123	147	150
NN05	158	158	293	297	157	161	171	171	262	262	120	120	117	117	144	147
NN06	161	161	267	271	149	153	185	185	239	239	120	120	142	142	144	147
NN07	164	167	267	271	153	161	183	183	250	250	120	120	131	131	141	141

续表

实验编号	CG1467		EG7563		GG4871		HG13568		JG13656		KG9814		NG13783		OG9034	
NN08	167	173	285	289	140	149	215	215	235	235	120	120	131	131	141	147
NN09	152	152	259	263	153	157	171	171	265	265	120	120	133	133	147	147
NY01	158	167	271	275	140	140	171	171	224	224	120	120	117	117	141	150
NY02	152	152	271	275	—	—	187	187	269	269	120	120	144	144	141	147
NY03	167	167	255	259	149	153	215	215	212	212	120	120	142	142	147	147
NY04	167	167	263	267	149	153	187	187	244	244	120	120	131	131	147	147
NY05	158	158	255	259	140	153	171	215	248	248	120	120	135	135	141	141
NY06	152	152	281	285	149	153	171	171	231	231	126	126	142	142	147	147
TN01	173	173	281	285	149	153	—	—	262	262	120	120	121	135	110	110
TN02	155	155	277	281	145	149	171	171	233	233	120	120	131	131	147	147
TN03	149	155	275	277	149	153	177	177	265	265	120	120	135	135	147	150
TN04	149	149	255	259	149	153	189	189	214	214	120	120	135	135	110	141
TS01	167	167	275	277	149	153	185	185	246	246	120	120	117	117	147	147
TS02	161	161	267	271	145	149	215	215	254	254	120	120	129	129	147	147
TS03	161	161	271	275	167	171	183	183	254	254	120	120	146	146	141	147
TS04	161	161	259	263	153	157	—	—	262	262	120	120	146	146	141	141
TS05	167	167	277	281	149	153	165	165	248	248	120	160	113	113	144	144
TS06	167	167	277	281	149	153	165	165	250	250	158	158	—	—	144	147
TS07	155	158	275	281	145	149	185	185	227	227	120	120	117	117	144	144
TS08	167	170	237	281	149	153	165	165	227	227	120	120	131	131	144	147
TS09	170	170	267	271	145	149	171	173	218	218	120	120	127	127	147	150
TS10	152	152	263	267	145	149	187	187	224	224	120	120	129	146	147	147
TS11	155	179	267	271	149	169	165	165	252	252	120	120	135	135	144	147
TS12	149	167	267	271	140	145	183	183	277	277	156	156	135	135	144	147
TS13	149	149	267	271	149	153	171	171	254	254	120	120	131	131	147	147
TX01	164	164	271	275	149	153	185	185	194	246	120	120	119	119	147	147

续表

实验编号	CG1467		EG7563		GG4871		HG13568		JG13656		KG9814		NG13783		OG9034	
TX03	152	155	251	255	153	157	171	171	212	212	120	120	135	135	141	141
TX04	167	170	267	271	153	165	189	189	227	227	120	120	121	121	141	150
TX05	149	149	255	259	136	136	189	189	254	254	122	122	123	123	141	141
TX06	152	152	293	297	155	159	171	171	222	222	164	164	119	119	141	141
XQ01	164	164	275	277	145	149	171	171	214	214	146	146	125	125	144	147
XQ02	170	170	267	271	151	155	185	185	252	252	156	156	121	121	141	141
XQ03	158	161	263	275	153	157	187	187	210	210	120	120	137	137	147	147
XQ04	152	152	249	253	169	173	215	215	214	214	120	120	119	119	141	141
XX01	164	164	263	267	117	117	165	165	222	222	120	120	123	123	144	147
XX02	164	167	255	259	153	157	189	189	252	252	160	160	133	133	141	141
XX03	149	149	235	235	177	181	191	191	—	—	158	158	140	140	150	150

表7-4　8对谷子SSR核心引物扩增结果

引物名称	N_a	N_e	I	H_o	H_e	Nei	PIC
CG1467	15.0000	9.7720	2.4138	0.7761	0.9010	0.8977	0.8888
EG7563	26.0000	15.5570	2.8934	0.1556	0.9392	0.9357	0.9319
GG4871	24.0000	10.9259	2.6253	0.1504	0.9119	0.9085	0.9014
HG13568	29.0000	8.4596	2.6251	0.8346	0.8851	0.8818	0.8730
JG13656	31.0000	18.6266	3.1421	0.9403	0.9499	0.9463	0.9438
KG9814	21.0000	5.1949	2.2953	0.8955	0.8105	0.8075	0.7982
NG13783	18.0000	10.1965	2.5333	0.9552	0.9053	0.9019	0.8943
OG9034	20.0000	4.4655	1.8610	0.6489	0.7790	0.7761	0.7447
平均值	23.0000	10.3997	2.5487	0.6696	0.8852	0.8819	0.8720

第三节 谷子品种遗传相似系数及聚类分析

根据135份谷子品种的SSR毛细管电泳结果，利用NTSYS-pc 2.10软件计算品种间遗传相似系数，135份谷子种质资源间遗传相似系数为0.105~0.900，平均值为0.148。因遗传相似系数数据量过大而没有具体列出，仅列出135份谷子品种遗传相似系数统计表（表7-5）。说明135份谷子种质资源种内分子水平上具有较高遗传多样性。遗传相似系数小于0.500的品种占98.35%，可见供试谷子品种间遗传差异较大，只有1.65%的遗传相似系数较小，说明谷子品种间具有十分丰富的遗传多样性。BN05与BN06之间遗传相似系数最大，为0.900。

对遗传相似系数进行聚类分析（图7-3）。在遗传相似系数为0.0985水平处，可将135份谷子品种分为5个类群，分别以Ⅰ类群、Ⅱ类群、Ⅲ类群、Ⅳ类群、Ⅴ类群命名。为更加清楚地揭示类群样品之间的遗传关系，继续对Ⅰ类群（119份）进行细分。将Ⅰ类群分成2个亚群，其中包括A、B两个亚类群，而A亚类群中，又可再分成5个小类群（A1、A2、A3、A4和A5）；B亚类群中，可再分成4个小类群（B1、B2、B3和B4），具体的分类信息见表7-6。

表7-5　135份谷子品种遗传相似系数统计

遗传相似系数	数量/个	百分比/%
0.0~0.1	4252	47.02
0.1~0.2	2136	23.62
0.2~0.3	1422	15.72
0.3~0.4	797	8.81
0.4~0.5	288	3.18
0.5~0.6	117	1.29
0.6~0.7	25	0.28
0.7~0.8	5	0.05
0.8~0.9	3	0.03

第七章　谷子种质资源的遗传多样性分析　　133

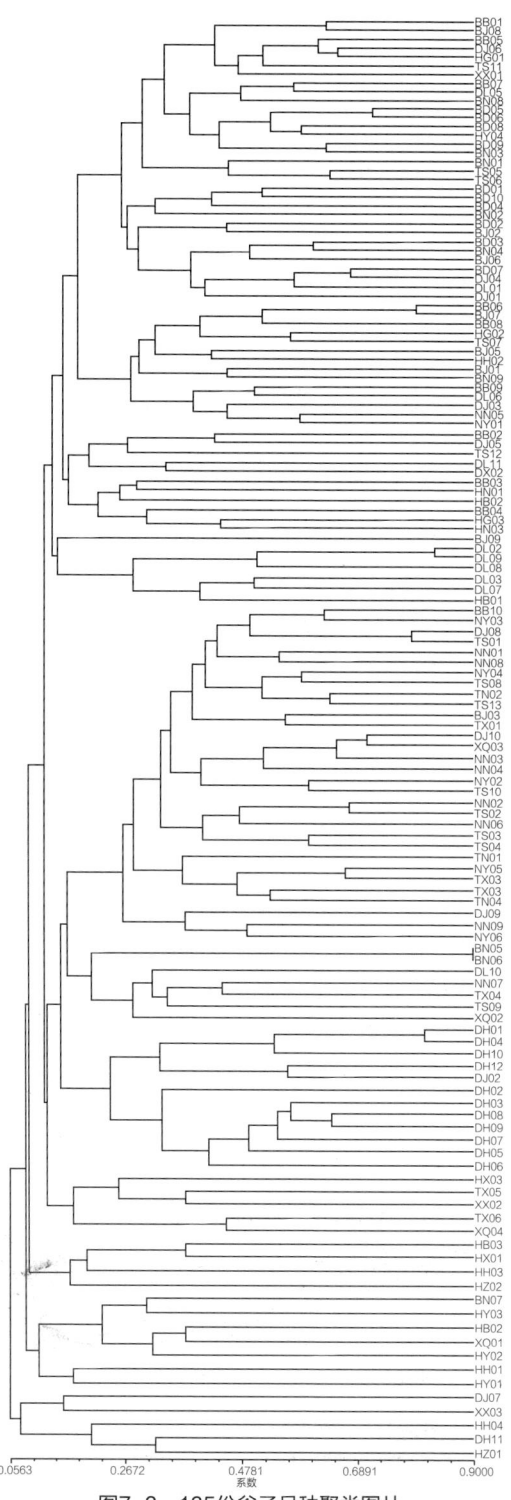

图7-3　135份谷子品种聚类图片

通过聚类分析结果可以看出，来自相同生态区或者相近生态区的谷子品种更易聚类在一起，如A1、A2、A3小类群大部分以华北平原谷子品种为主，包含少量东北平原谷子品种；A5小类群主要以东北平原辽宁省谷子品种为主，B1小类群主要以黄土高原和内蒙古高原谷子品种为主；B3小类群主要以东北平原黑龙江省谷子品种为主。根据分类结果不难发现，谷子品种多样性与原产地具有一定联系，为谷子名优品种溯源及原产地保护提供了可能性。

表7-6　135份谷子品种分类信息

分类			品种名称	数量/份
I	A	A1	BB01、BJ08、BB05、DJ06、HG01、TS11、XX01、BB07、DL05、BN08、BD05、BD06、BD08、HY04、BD09、BN03、BN01、TS05、TS06	19
		A2	BD01、BD10、BD04、BN02、BD02、BJ02、BD03、BN04、BJ06、BD07、DJ04、DL01、DJ01	13
		A3	BB06、BJ07、BB08、HG02、TS07、BJ05、HH02、BJ01、BN09、BB09、DL06、DJ03、NN05、NY01	14
		A4	BB02、DJ05、TS12、DL11、HX02、BB03、HN01、HB02、BB04、HG03、HN03、BJ09	12
		A5	DL02、DL09、DL08、DL03、DL07、HB01	6
	B	B1	BB10、NY03、DJ08、TS01、NN01、NN08、NY04、TS08、TN02、TS13、BJ03、TX01、DJ10、XQ03、NN03、NN04、NY02、TS10、NN02、TS02、NN06、TS03、TS04、TN01、NY05、TX03、TN03、TN04、DJ09、NN09、NY06	31
		B2	BN05、BN06、BL10、NN07、TX04、TS09、XQ02	7
		B3	DH01、DH04、DH10、DH12、DJ02、DH02、DH03、DH08、DH09、DH07、DH05、DH06	12
		B4	HX03、TX05、XX02、TX06、XG04	5
II	—		HB03、HX01、HH03、HZ02	4
III	—		BN07、HY03、HN02、XQ01、HY02、HH01、HY01	7
IV	—		DJ07、XX03	2
V	—		HH04、DH11、HZ01	3

第四节　不同省市（自治区）谷子品种遗传多样性分析

21个省市（自治区）谷子品种在选定的8对核心SSR引物上检测的N_e、I、H_o、H_e、Nei等群体遗传学参数见表7-7。8对谷子核心引物在西藏谷子品种中检测到的平均N_e最小，为2.2857，吉林谷子品种的平均N_e最大，为5.4972，N_e的数值与群体样本含量有一定的关系，在西藏谷子品种中检测到的N_e最少，这可能是由于西藏只有3个个体造成的。在21个省市（自治区）中，I的范围为0.7922~1.8764，吉林省谷子品种最高，西藏谷子品种最低；H_o的数值范围为0.4583~0.8750，其中贵州谷子品种最低，海南谷子品种最高；而对于H_e，海南谷子品种的H_e最低，为0.6250，湖南谷子品种的H_e最高，为0.8661。Nei的变化范围为0.5208~0.8044，海南谷子品种最小，吉林谷子品种最大。

其中，吉林省谷子品种的N_a、N_e、I、Nei的数值在各省市（自治区）中都为最大值，说明吉林省谷子品种遗传多样性最高，种质资源最为丰富。河南、河北和山西谷子品种的N_e、I、H_e、Nei的数值较高，遗传变异水平较高；海南、西藏、贵州谷子品种N_e、I、H_e、Nei的数值较低，遗传变异水平较低。中国华北平原及东北平原谷子品种遗传变异较丰富，应加强这些生态区谷子种质资源的收集和鉴定工作。

遗传距离是指群体或者品种之间基因差异的程度，是度量遗传变异的尺度，通常用基因频率的某个函数来进行计算，是研究群体遗传多样性的基础，它反映了群体的系统进化，常用来描述群体间的差异以及遗传结构。利用NTSYS-pc 2.10软件计算21个省市（自治区）谷子种质资源间遗传相似系数及遗传距离（表7-8）。遗传相似系数范围为0.0189~0.8522，平均值为0.3860，海南谷子品种（HN）与山西（雁北）谷子品种（NY）之间遗传相似系数最小，内蒙古谷子品种（NN）与山西（雁北）谷子品种（NY）之间遗传相似系数最大。遗传距离为0.1600~3.9700，平均值为1.0908，内蒙古谷子品种（NN）与山西（雁北）谷子品种（NY）之间最小，海南谷子品种（HN）与山西（雁北）谷子品种（NY）之间最大。可见，遗传相似系数与遗传距离之间呈负相关关系。

表7-7 21个省市（自治区）谷子品种的遗传学参数

代号	样品量	N_a	N_e	I	H_o	H_e	Nei
BB	20	7.3750±1.7678	5.0102±2.2695	1.7257±0.3549	0.6500±0.2928	0.8033±0.1063	0.7631±0.1010
BD	20	5.3750±2.6152	3.9682±2.2466	1.3472±0.6679	0.7375±0.3852	0.6658±0.2972	0.6325±0.2823
BJ	16	5.7500±2.2520	4.8846±2.1801	1.5566±0.5204	0.6674±0.3884	0.7846±0.1963	0.7346±0.1838
BN	18	6.2500±1.2817	5.0510±1.3061	1.6830±0.2434	0.6944±0.4017	0.8358±0.0600	0.7894±0.0567
DH	24	7.0000±2.7255	4.5671±2.2144	1.6071±0.4934	0.6525±0.2936	0.7564±0.1705	0.7245±0.1634
DJ	20	8.3750±1.5059	5.4972±1.6528	1.8764±0.2101	0.5875±0.2997	0.8467±0.0576	0.8044±0.0547
DL	20	6.5000±1.9272	4.7667±1.9512	1.6413±0.3631	0.7125±0.3399	0.7980±0.0983	0.7581±0.0933
HB	6	3.1250±0.9910	2.9625±0.8847	1.0697±0.3133	0.7917±0.3959	0.7583±0.1467	0.6319±0.1222
HG	6	3.6250±0.7440	3.0804±0.6054	1.1885±0.1797	0.4583±0.4342	0.8000±0.0617	0.6667±0.0514
HH	8	4.5000±1.4142	4.2048±1.2584	1.4296±0.3037	0.5938±0.4989	0.8661±0.1059	0.7422±0.0797
HN	6	2.8750±1.5526	2.8750±1.5526	0.9106±0.6108	0.8750±0.3536	0.6250±0.3919	0.5208±0.3266
HX	6	3.1250±0.3536	2.9500±0.4375	1.0986±0.1235	0.8333±0.3563	0.7833±0.0777	0.6528±0.0647
HY	8	4.3750±1.4079	3.9429±1.2940	1.3781±0.3166	0.5938±0.3995	0.8259±0.0982	0.7227±0.0859
HZ	4	2.2857±0.7559	2.2857±0.7559	0.7922±0.2620	0.7143±0.4880	0.7619±0.1627	0.5357±0.0945
NN	18	6.5000±3.2950	5.3675±3.1597	1.5620±0.7673	0.6389±0.3928	0.7288±0.3218	0.6883±0.3040
NY	12	4.1250±2.0310	3.7460±1.9910	1.2447±0.5131	0.6917±0.3866	0.7186±0.2040	0.6572±0.1869
TN	8	3.3750±1.4079	3.0047±1.2836	1.0538±0.5008	0.6250±0.4226	0.6759±0.2906	0.5872±0.2525
TS	26	7.0000±2.0702	4.8619±2.1239	1.6299±0.4984	0.6234±0.4128	0.7620±0.1892	0.7320±0.1815
TX	10	5.0000±2.0000	4.2160±1.8754	1.4303±0.4574	0.6750±0.3845	0.7889±0.1598	0.7100±0.1438
XQ	8	4.6250±1.9226	4.3458±1.9659	1.4214±0.4107	0.6875±0.4381	0.8348±0.1206	0.7305±0.1056
XX	6	3.5000±1.0690	3.2714±0.8827	1.1814±0.2922	0.7500±0.2955	0.8167±0.0926	0.6736±0.0912

表7-8 21个省间遗传相似系数及遗传距离

代号	BB	BD	BJ	BN	DH	DJ	DL	HB	HG	HH	HN	HX	HY	HZ	NN	NY	TN	TS	TX	XQ	XX
BB	—	0.7194	0.7980	0.6698	0.3010	0.5977	0.6823	0.4972	0.7659	0.2167	0.5271	0.3832	0.3221	0.1172	0.4121	0.3628	0.3217	0.5695	0.3868	0.3566	0.4672
BD	0.3294	—	0.5581	0.6254	0.1540	0.4840	0.5724	0.3500	0.5519	0.0940	0.2247	0.1802	0.2781	0.1382	0.2753	0.2505	0.2335	0.3851	0.2350	0.2665	0.3331
BJ	0.2256	0.5833	—	0.6637	0.2701	0.5079	0.6018	0.5464	0.6107	0.2786	0.3908	0.3205	0.2824	0.1589	0.4147	0.3164	0.3175	0.5618	0.3418	0.3730	0.3375
BN	0.4008	0.4693	0.4099	—	0.2542	0.5646	0.6094	0.5986	0.5263	0.2945	0.3208	0.4228	0.4097	0.1539	0.3325	0.3780	0.2233	0.4511	0.3918	0.4089	0.3859
DH	1.2005	1.8706	1.3089	1.3695	—	0.5107	0.2722	0.2447	0.3545	0.1594	0.3076	0.3387	0.2335	0.1607	0.4457	0.4493	0.3504	0.4036	0.4237	0.4071	0.3754
DJ	0.5146	0.7257	0.6774	0.5717	0.6719	—	0.5107	0.4245	0.4816	0.2040	0.1629	0.3481	0.2419	0.2350	0.7096	0.6897	0.5831	0.7420	0.4518	0.4888	0.3892
DL	0.3823	0.5579	0.5078	0.4953	1.3010	0.5077	—	0.6019	0.4356	0.1588	0.2891	0.4075	0.2664	0.1274	0.3406	0.3361	0.2536	0.4984	0.3928	0.3631	0.4057
HB	0.6988	1.0497	0.6044	0.5132	1.4077	0.8570	0.5077	—	0.3329	0.4356	0.1588	0.2188	0.4646	0.4645	0.3319	0.3151	0.3026	0.3151	0.3261	0.2529	0.2486	0.3530
HG	0.2667	0.5943	0.4932	0.6418	1.0370	0.7307	0.8310	1.0275	—	0.3579	0.2188	0.4646	0.4857	0.2726	0.2381	0.3333	0.2729	0.4959	0.1974	0.2778	0.2547	0.3768
HH	1.5292	2.3640	1.2778	1.2224	1.8361	1.5896	1.8401	1.5198	0.9729	—	0.3780	0.4857	0.2726	0.2740	0.3691	0.1669	0.1452	0.1805	0.2911	0.2409	0.1815
HN	0.6404	1.4932	0.9396	1.1368	1.1788	1.8144	1.2412	0.8976	1.3226	0.1767	—	0.2381	0.2729	0.1108	0.2328	0.0750	0.0189	0.3135	0.1198	0.1518	0.3097
HX	0.9593	1.7139	1.1379	0.8609	1.0826	0.6554	0.8976	1.1030	1.0554	0.4352	0.4333	—	0.3808	0.2714	0.2634	0.0750	0.0520	0.2176	0.2549	0.3615	0.2908
HY	1.1330	1.2798	1.2643	0.8922	1.4544	0.4193	1.3226	0.7669	1.0986	1.2987	0.1926	0.3808	—	0.0000	0.2714	0.3086	0.0340	0.0535	0.1812	0.1883	0.2084	0.0711
HZ	2.1442	1.9789	1.8397	1.8713	1.8282	2.0606	1.3420	1.1030	2.6632	1.2947	2.1999	1.3040	0.0000	—	0.1797	0.3316	0.1568	0.2706	0.1521	0.1162	0.0711
NN	0.8865	1.2897	0.8803	1.1011	1.8082	0.3431	1.1548	1.3420	0.9967	1.4577	2.5908	1.3339	2.2315	1.7167	—	0.8522	0.6895	0.8226	0.6734	0.3808
NY	1.0140	1.3844	1.1507	0.9730	0.8001	0.3714	1.0904	1.0771	1.2979	1.7901	2.9563	1.1757	3.8137	1.1037	0.1600	—	0.6528	0.7646	0.6625	0.6354	0.3199
TN	1.1342	1.4544	1.1473	1.4994	1.0486	0.5394	1.3719	1.1021	1.1951	1.9293	2.5908	1.5249	2.9272	1.8528	0.3718	0.4264	—	0.6914	0.6188	0.4932	0.3283
TS	0.5630	0.9544	0.5765	0.7961	0.5394	0.2984	0.6963	0.1205	0.7014	1.6224	1.7121	1.3668	2.9272	1.7079	0.1953	0.2684	0.3690	—	0.5784	0.6119	0.4086
TX	0.9499	1.4483	1.0735	0.9369	0.8587	0.7945	0.9343	0.3749	1.2809	1.2341	2.1216	1.0175	1.6696	1.8830	0.5224	0.4117	0.4800	0.5475	—	0.6946	0.5426
XQ	1.0311	1.3225	0.9863	0.8943	0.8986	0.7158	1.0132	0.3920	1.3678	1.4233	1.8852	1.3668	1.5684	1.3071	2.1522	0.3955	0.4535	0.4911	0.3644	—	0.3898
XX	0.7610	1.0993	1.0863	0.9522	0.9799	0.9435	0.9022	1.0412	0.9761	1.7064	1.1720	1.2350	1.0476	2.6430	0.9654	1.1398	1.1137	0.8951	0.6113	0.9421	—

注：右上角数据为遗传相似系数，左下角数据为遗传距离。

第五节　不同省市（自治区）谷子品种聚类分析

根据21个省市（自治区）谷子品种间遗传相似系数进行聚类分析（图7-4）。在遗传相似系数约为0.3557处，21个省市（自治区）可划为五大类。

第一大类：河北（BB）、北京（BJ）、贵州（HG）、山东（BD）、河北（BN）、辽宁（DL）、湖北（HB）、海南（HN）、广西（HX）。

第二大类：黑龙江（DH）、吉林（DJ）、内蒙古（NN）、山西（雁北）（NY）、山西（TS）、宁夏（TN）、陕西（TX）、新疆（XQ）、青海（XX）。

第三大类：云南（HY）。

第四大类：湖南（HH）。

第五大类：西藏（HZ）。

第一大类主要以华北平原地区为主，包含部分淮河以南区域；第二大类主要包含东北平原、黄土高原、内蒙古高原；第三到第五大类主要是淮河以南区域的省区。根据聚类分析结果可以看出，来源于同一生态区或者生态区相近的聚类在了一起，说明每个生态区域遗传相似系数可以反映群体间亲缘关系的远近。比较发现，群体间地理来源越近，遗传相似系数越小，亲缘关系越近，反之，地理来源越远，亲缘关系也越远。表明地理生态环境对谷子种质的遗传分化影响很大，不同省市（自治区）的谷子群体，在各自长期的进化过程中，形成了具有特殊遗传背景的资源群，这也为进一步进行谷子遗传多样性研究奠定了基础。

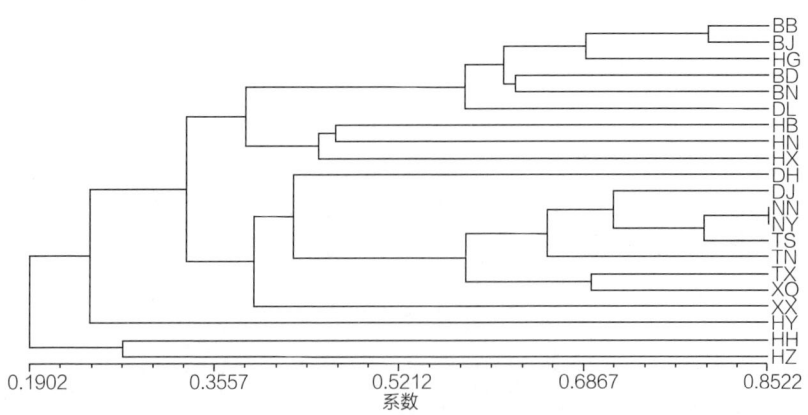

图7-4　21个省市（自治区）聚类图片

第六节 不同生态区谷子品种遗传多样性分析

6个生态区谷子品种在选定的8对核心SSR引物上检测的N_e、I、H_o、H_e、Nei等群体遗传学参数见表7-9。8对谷子核心引物在西北内陆（X）中检测到的平均N_e最小，为6.0306，淮河以南（H）的平均N_e最大，为8.6028，N_e的数值与群体样本含量有一定的关系，在西北内陆（X）检测到的N_e最少，这可能是由于西北内陆（X）只有7个个体造成的。在21个省市（自治区）中，H_o的数值范围为0.6353～0.7143，其中黄土高原（T）最低，西北内陆（X）最高；而对于H_e，内蒙古高原（N）的H_e最低，为0.7346，淮河以南（H）的H_e最高，为0.8900。Nei的变化范围为0.7099～0.8692，内蒙古高原（N）最小，淮河以南（H）最大。

表7-9　6个生态区谷子品种的遗传学参数

生态区代号	样品量	N_a	N_e	I	H_o	H_e	Nei
B	74	11.7500 ± 4.2678	6.5846 ± 3.1160	2.0284 ± 0.4793	0.6885 ± 0.3557	0.8187 ± 0.1028	0.8076 ± 0.1014
D	64	13.5000 ± 1.5119	7.3572 ± 2.1489	2.2200 ± 0.1872	0.6513 ± 0.2526	0.8683 ± 0.0384	0.8546 ± 0.0379
H	43	12.7500 ± 1.9821	8.6028 ± 2.5690	2.2999 ± 0.2626	0.6919 ± 0.3587	0.8900 ± 0.0585	0.8692 ± 0.0584
N	30	7.6250 ± 4.2405	6.0363 ± 4.1833	1.6566 ± 0.7838	0.6589 ± 0.3884	0.7346 ± 0.2760	0.7099 ± 0.2667
T	43	10.1250 ± 3.6031	6.3141 ± 3.0786	1.9059 ± 0.5595	0.6353 ± 0.4020	0.7953 ± 0.1851	0.7769 ± 0.1807
X	14	6.8750 ± 2.5877	6.0306 ± 2.5160	1.7907 ± 0.4024	0.7143 ± 0.3741	0.8691 ± 0.0850	0.8058 ± 0.0803

利用NTSYS-pc 2.10软件计算6个生态区谷子种质资源间遗传相似系数及遗传相似系数（表7-10）。遗传相似系数范围为0.3317～0.8605，平均值为0.6101，内蒙古

高原（N）与淮河以南（H）之间最小，内蒙古高原（N）与黄土高原（T）之间最大。遗传距离为0.1502~1.1035，平均值为0.5239，内蒙古高原（N）与黄土高原（T）之间最小，内蒙古高原（N）与淮河以南（H）之间最大。

表7-10　6个生态区间遗传相似系数与遗传距离

生态区代号	B	D	H	N	T	X
B	—	0.6365	0.6625	0.4069	0.5276	0.4961
D	0.4518	—	0.5587	0.6329	0.6746	0.6141
H	0.4118	0.5821	—	0.3317	0.4260	0.4869
N	0.8992	0.4574	1.1035	—	0.8605	0.6547
T	0.6395	0.3936	0.8533	0.1502	—	0.7120
X	0.7009	0.4876	0.7198	0.4236	0.3397	—

注：右上角数据为遗传相似系数，左下角数据为遗传距离。

第七节　不同生态区谷子品种聚类分析

根据6个生态区谷子品种间遗传相似系数进行聚类分析（图7-5）。在遗传相似系数约为0.6534处，6个生态区可划为三类。第一类包含华北平原（B）、淮河以南（H）；第二类为东北平原（D）；第三类包含内蒙古高原（N）、黄土高原（T）、西北内陆（X）。根据聚类分析图片可以看出生态区域相近的聚类在一起，说明谷子品种亲缘关系与地理来源相关，相邻或者相近生态区域遗传基础狭窄，造成该地区遗传变异少，多样性较低，在今后的育种工作中，应加强各地区谷子种质资源间的基因交流，尤其是地理来源较远种质资源间的交流，这将为拓宽各地区谷子资源的遗传背景，加强种质创新及新基因挖掘提供更多的可能性。

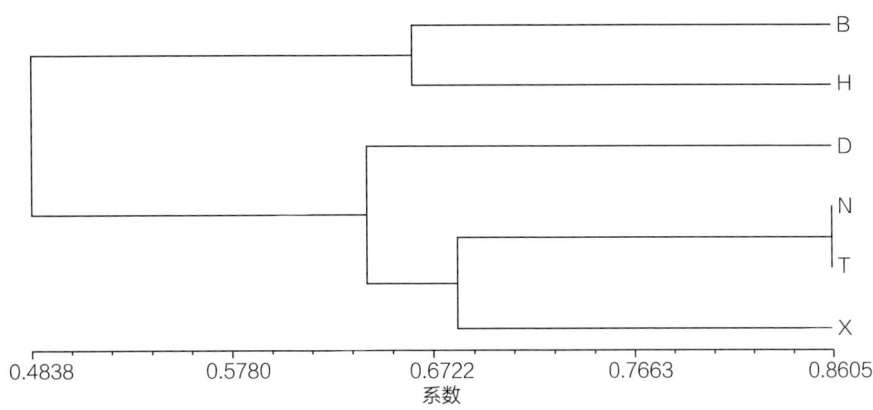

图7-5 6个生态区聚类图片

第八节 小结

对品种的遗传多样性进行分析，能够有效地揭示品种间的亲缘关系，追溯品种的起源，了解品种的遗传多样性，可为遗传研究或育种亲本选择提供参考，育种亲本选择遗传相似度越低的材料，得到的后代材料遗传多样性越丰富。

目前我国谷子育种的重点集中在高产多抗品种、超早熟品种、加工专用型品种和高产杂交种等优异品种的培育。然而，多年来在育种工作中所采用的父母本材料只是优中选优，不清楚遗传背景，缺乏实用型材料，可选目标资源较少，加之缺失多数种质资源，新的优异品种还有待研究和开发，加大了新品种培育的难度，成为制约谷子良种培育的瓶颈。

关于谷子的起源，Kim等利用28个SSR引物对37个来自中国、韩国和巴基斯坦的谷子品种进行分析，结果表明来自中国的谷子品种遗传多态性最高，认为谷子的起源地为中国；Wang等利用77个SSR标记，将250份品种分为与其生态型完全一致的3个亚群，黄河流域及其下游地区的遗传多样性最高，暗示谷子是从黄河流域起源的。

朱学海等用21对SSR标记，将涉及6个生态区的120份核心谷子材料划分为4个类群，所分类群与其地理来源及生态类型之间存在明显的一致性。沈琰等对10个黑龙江省和10个吉林省谷子品种进行遗传多样性分析，发现吉林省谷子品种基因多样性略比黑龙江省丰富，但亲缘关系较黑龙江省更近，遗传多样性不高且多源于本省内，应加强两省间种质资源的交流。

农家品种与育成品种间存在较大的遗传差异。贾小平等用37对SSR标记对40个谷子品种进行遗传多样性分析，聚类结果显示，代表不同生态区域的农家品种聚类群与生态类型比较一致，而几乎所有来自不同地区的谷子育成品种都被聚成一组，反映不出区域性。王姗姗等、杨天育等、孙加梅等对谷子种质资源遗传多样性的研究均表明农家品种与育成品种间存在较大的遗传差异，而育成品种间多态性不高，这可能与当前谷子育种手段单一，特别是与重点骨干亲本的集中利用有关，造成区域性谷子育成品种遗传背景较相似，遗传多样性降低，而农家品种因对不同生态区的长期适应与进化，具有丰富的遗传多样性。

不同生态区的种质遗传差异大小不一。李国营利用20对SSR引物对400份谷子初级核心种质进行遗传多样性分析，结果表明西北内陆、黄土高原、内蒙古高原的种质遗传差异较大，东北平原和华北平原次之，淮河以南的种质遗传差异最小。朱学海利用21对SSR引物对来自不同生态区的100份较抗旱的种质和20份不抗旱的种质进行SSR遗传多样性分析，得到类似结论。

本实验利用8对谷子SSR核心荧光标记引物与135份谷子品种共扩增得到184个等位基因，平均每对引物23个等位基因。Nei's基因多样性指数为0.776～0.946，平均值0.881。各多态位点的多态性信息含量为0.744～0.943，平均值为0.872，其中JG13656的多态性信息含量最高。对135份谷子品种间的遗传相似系数进行聚类分析，在遗传相似系数为0.0985处，可将135份谷子品种分为5个类群，分别以Ⅰ类群、Ⅱ类群、Ⅲ类群、Ⅳ类群、Ⅴ类群，Ⅰ类群又可分成2个亚群，9个小类群。如A1、A2、A3小类群大部分以华北平原谷子品种为主，包含少量东北平原谷子品种；A5小类群主要以东北平原辽宁省谷子品种为主，B1小类群主要以黄土高原和内蒙古高原谷子品种为主；B3小类群主要以东北平原黑龙江省谷子品种为主。我国华北平原及东北平原谷子品种遗传变异较丰富，应加强这些生态区谷子种质资源的收集和鉴定工作。根据聚类分析结果，可见谷子品种多样性与原产地具有一定联系，为谷子名优品种溯源及原产地保护提供了可能性。

21个省市（自治区）谷子品种中，吉林省谷子品种的N_a、N_e、I、Nei的数值在各省市（自治区）中都为最大值，说明吉林省谷子品种遗传多样性最高，种质资源最为丰富。河南、河北和山西谷子品种的N_e、I、H_e、Nei的数值较高，遗传变异水平较高；海南、西藏、贵州谷子品种N_e、I、H_e、Nei的数值较低，遗传变异水平较低。21个省市（自治区）谷子品种间遗传相似系数进行聚类分析。在遗传相似系数约为0.3557处，21个省市（自治区）可划为五大类。第一大类主要以华北平原地区为主，包含部分淮河以南区域；第二大类主要包含东北平原、黄土高原、内蒙古高原；第三到第五大类主要是淮河以南区域的省区。地理生态环境对谷子种质的遗传分化影响很大，不同省市（自治区）的谷子群体，在各自长期的进化过程中，形成了具有特殊遗传背景的资源群，为进一步进行谷子遗传多样性研究奠定了基础。我国谷子种质资源具有较高的遗传多样性，遗传变异十分丰富。谷子种质资源的亲缘关系、遗传分化与地理来源相关，地理来源越近，遗传相似系数越小，亲缘关系越近，反之，地理来源越远，亲缘关系也越远。在今后的育种工作中，应加强各地区谷子种质资源间的基因交流，尤其是地理来源较远种质资源间的交流，这将为拓宽各地区谷子资源的遗传背景，加强种质创新及新基因挖掘提供更多的可能性。

第八章
谷子种质资源指纹图谱数据库的构建及品种鉴别

第一节　实验材料与方法
第二节　谷子种质资源SSR指纹数据库的构建
第三节　谷子种质资源品种鉴别
第四节　小结

利用分子标记技术，以电泳条带不同的形式将品种间的差异进行表现，实现品种鉴定，这种电泳图谱多态性高、个体特异性强、品种间差异明显和条带稳定，就像人的指纹一样独一无二，被称为指纹图谱。DNA指纹图谱技术作为最新型指纹表现方法，在作物品种的血缘关系、遗传基础、品种审定、假冒伪劣种子鉴别、种子管理检测、遗传育种及作物的遗传作图等方面都发挥着重要作用。因此，为各种作物品种建立一套DNA指纹图谱，对于防止伪劣种子流入市场、提高种子市场的种子质量，意义十分重大。

DNA指纹具有物种特异性。通过有性繁殖的生物，除同卵双生外，个体间的DNA信息一生始终保持着高度的特异性，这是DNA指纹技术诞生的基础。DNA指纹的特异性、严格的遗传性以及高效性使其广泛应用于亲缘关系鉴定、系统分类演化和连锁群分析等遗传育种的研究领域。RFLP、RAPD、AFLP、SSR等DNA标记技术因其多态性高，能够鉴定全部染色体组的多态性，极大地在分子水平上识别、估测了物种的遗传多样性。构建分子遗传连锁图谱的基础是分子标记，RFLP、AFLP和SSR三种标记方法是目前谷子遗传连锁图谱构建经常用到的。SSR标记因其具有操作简便、稳定可靠、数量丰富、覆盖整个基因组、呈共显性遗传、多态性高以及具有多等位基因等的优点而较为广泛使用。

第一节 实验材料与方法

一、实验材料

本实验选取全国6个生态区中21个省市（自治区）的135个谷子品种。谷子样品由国家种质资源库提供，品种名称、库编号及来源地见第七章。

二、实验方法

（一）PCR反应体系与程序

PCR反应体系及反应程序同第七章。

（二）琼脂糖凝胶电泳检测

取6μL PCR扩增产物，用3%的琼脂糖在1×TAE缓冲液中以5V/cm的电压电泳1~1.5h后于UVP凝胶成像系统中拍照。

（三）毛细管电泳检测

具体实验方法同第七章。

（四）数据统计与分析

一个引物为一个等位基因位点，将每个样品在各个等位基因位点的片段大小，即其现型，谱带按0/1系统记录，有此带时赋值为"1"，无此带时赋值为"0"，得到相应谷子品种的"0、1"矩阵。将这些图谱信息转化为由"0、1"组成的字串即构成数字指纹，数据录入Excel表格中保存。

第二节　谷子种质资源SSR指纹数据库的构建

根据筛选得到的8对谷子SSR核心引物，对来自国家作物种质资源库的6个生态区，21个省市（自治区）的135份谷子品种进行扩增（图8-1），共得到184个等位基因（表8-1），平均每对引物可获得23个多态位点。根据扩增产物毛细管电泳结果读取、统计、分析建立135份谷子种质资源的DNA数字指纹图谱（表8-2）。

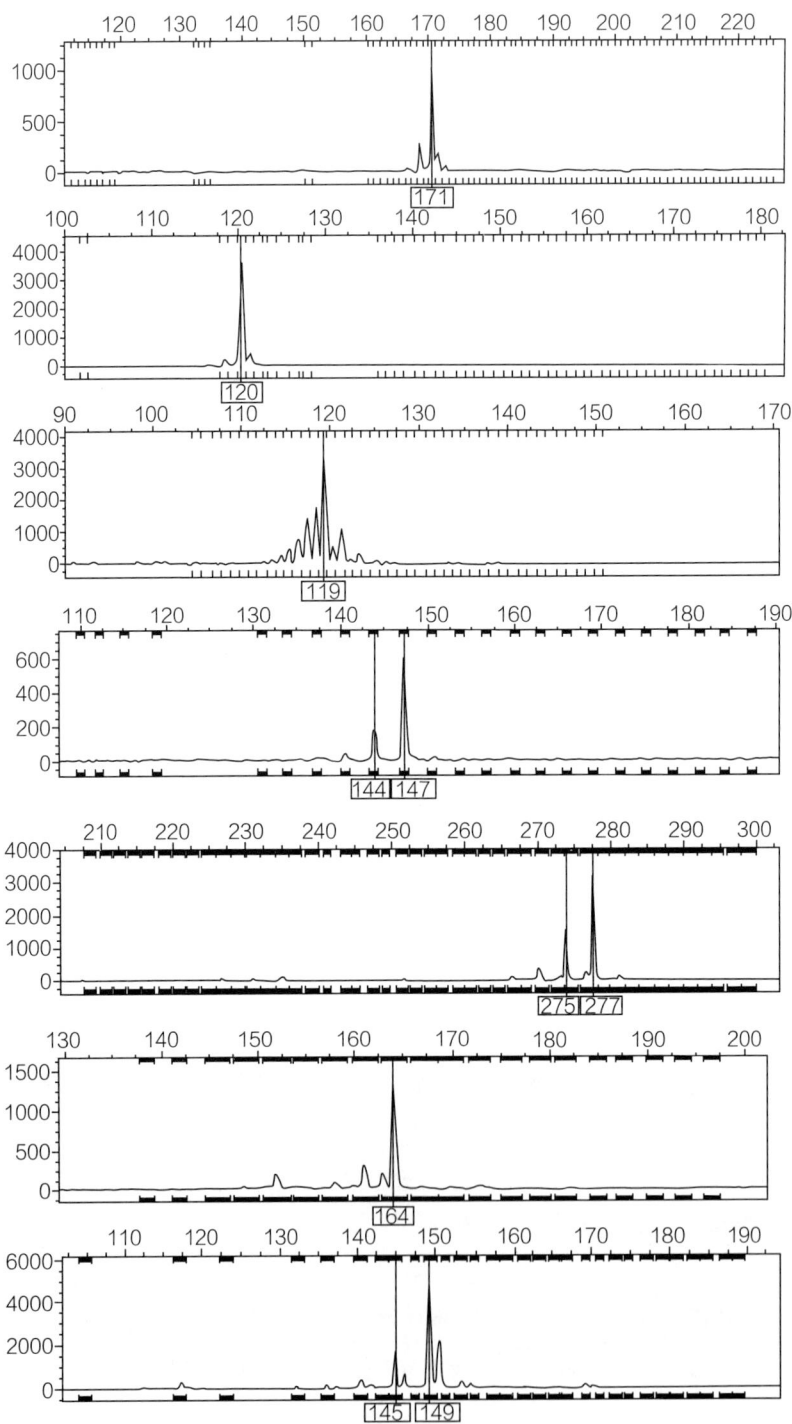

第八章 谷子种质资源指纹图谱数据库的构建及品种鉴别

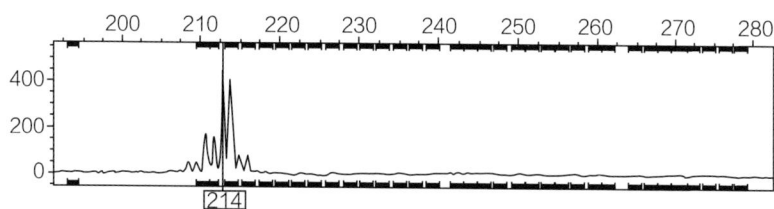

图8-1 谷子品种XQ01毛细管电泳结果

横坐标表示扩增片段长度,单位 bp;纵坐标表示荧光强度,单位 A.U.

表8-1 谷子SSR核心引物等位基因信息

引物名称	等位基因详情
CG1467	142-146-149-152-155-158-161-164-167-17-173-176-179-182-197
EG7563	213-217-221-225-235-237-239-243-245-247-249-251-253-255-257-259-263-267-271-275-277-281-285-289-293-297
GG4871	105-117-123-132-136-140-145-149-151-153-155-157-159-161-165-167-169-171-173-177-181-183-185-187
HG13568	113-115-117-133-151-165-167-169-171-173-177-183-185-187-189-191-193-195-197-199-201-203-205-207-211-213-215-217-219
JG13656	194-210-212-214-218-222-224-227-229-231-233-235-237-239-242-244-246-248-250-252-254-256-258-260-262-265-267-269-273-275-277
KG9814	102-118-120-122-126-140-146-148-150-152-154-156-158-160-162-164-166-168-170-172-174
NG13783	111-113-115-117-119-121-123-125-127-129-131-133-135-137-140-142-144-146
OG9034	110-115-119-134-137-141-144-147-150-157-160-163-166-169-172-175-178-181-184-187

表8-2 135份谷子品种指纹代码

品种编号	引物顺序 CG1467-EG7563-GG4871-HG13568-JG13656-KG9814-NG13783-OG9034	品种编号	引物顺序 G1467-EG7563-GG4871-HG13568-JG13656-KG9814-NG13783-OG9034
BB01	GG-KM-LM-FF-VV-DD-CC-GG	BB04	EG-DE-BB-JJ-JJ-NN-EE-GG
BB02	DD-FG-BB-FF-HH-AA-MM-GG	BB05	DF-GR-MN-FF-FF-DD-CH-FG
BB03	JJ-OP-LM-11-PP-TT-CC-GG	BB06	EE-QR-LM-FF-JR-EE-DD-GH

续表

品种编号	引物顺序 CG1467-EG7563-GG4871-HG13568-JG13656-KG9814-NG13783-OG9034	品种编号	引物顺序 G1467-EG7563-GG4871-HG13568-JG13656-KG9814-NG13783-OG9034
BB07	EE-KM-BB-FF-UU-RR-CC-GG	BN01	II-NO-MN-FF-22-LL-HH-GG
BB08	EE-KM-RU-FQ-RR-PP-DD-II	BN02	LL-OP-LM-CE-GG-KK-CC-FF
BB09	CC-IK-BP-QW-33-DD-DD-FN	BN03	DD-OP-JL-JJ-GG-OO-CC-GG
BB10	EI-GI-JL-MW-CC-DH-CH-HH	BN04	CC-KM-BB-II-HH-SS-CC-HH
BD01	EE-IK-LM-MM-II-DD-CC-HI	BN05	JJ-QR-NP-II-II-SS-EE-DD
BD02	FF-GI-QR-PP-GG-QQ-CC-HH	BN06	JJ-QR-NP-II-II-SS-FF-DD
BD03	DD-IK-LM-FF-HH-SS-CC-HH	BN07	EF-OP-AR-AF-WW-IO-HH-GH
BD04	EE-IK-PQ-FF-33-MM-CC-FF	BN08	DD-MN-JL-FF-NN-RR-DD-GG
BD05	EE-NO-NP-FF-GG-KK-CC-GG	BN09	CC-MN-LM-FF-KK-OO-DD-HH
BD06	EE-DE-RS-FF-GG-OO-CC-GG	DH01	HH-AA-TU-SS-QQ-**-KK-FF
BD07	LL-GI-MN-FF-VV-MM-CC-HH	DH02	II-AA-GH-33-DD-DD-NN-RS
BD08	EE-PQ-GH-FF-TT-OO-CC-II	DH03	HI-AA-CC-II-PP-DM-MM-GH
BD09	DE-GG-NP-JJ-GG-RR-CC-GH	DH04	HH-AA-TU-IQ-QQ-KK-KK-ST
BD10	EE-DE-PQ-PP-GG-DD-CC-FI	DH05	II-AA-BB-II-PP-LL-GG-FG
BJ01	CC-OP-HJ-HH-KK-TT-DD-GG	DH06	FF-AA-AC-SS-PP-BB-GG-GG
BJ02	FF-ST-NP-PP-QQ-PP-CC-GG	DH07	II-AA-CN-FS-PP-DD-LL-FF
BJ03	**-RS-LM-II-SS-DD-EE-HH	DH08	HK-AA-MU-IQ-PP-DL-NN-FG
BJ05	DG-OP-LM-RW-GG-PP-DD-GG	DH09	HH-AA-RU-IQ-IT-DD-FJ-FH
BJ06	EF-IK-MN-GG-HH-HH-CC-GH	DH10	HH-AC-LM-FI-JJ-DK-KK-PQ
BJ07	EE-QR-LM-FF-HH-DP-DD-GG	DH11	AA-CC-LM-XX-LL-PP-JJ-II
BJ08	GG-IK-JL-FF-GG-DQ-EE-GG	DH12	AA-BB-BJ-IY-RR-DK-KK-PQ
BJ09	CC-GG-GH-JJ-TT-PP-GG-GG	DJ01	II-QR-BP-FS-RR-IM-CC-CH

续表

品种编号	引物顺序 CG1467-EG7563-GG4871-HG13568-JG13656-KG9814-NG13783-OG9034	品种编号	引物顺序 G1467-EG7563-GG4871-HG13568-JG13656-KG9814-NG13783-OG9034
DJ02	AA-AA-GH-FZ-RR-ES-KK-JK	HG01	EE-MN-NR-FF-HP-DD-CC-GH
DJ03	JJ-CC-QR-II-WW-DD-DD-AA	HG02	BH-DF-BL-JJ-HH-DN-DD-DD
DJ04	FF-MN-MN-FF-VV-JJ-CC-HH	HG03	EJ-FO-BM-SS-OO-CC-JJ-GM
DJ05	CD-CD-BC-SS-RR-DR-MM-GP	HH01	HH-DF-HJ-UU-OO-GG-FF-**
DJ06	CF-MR-HQ-AF-HS-DD-CF-GH	HH02	GG-OP-JL-BD-OO-EE-DD-NO
DJ07	GG-FG-LM-NN-YY-OO-MM-II	HH03	BB-NO-DE-II-SS-RR-AA-LM
DJ08	II-MT-GH-22-QQ-DD-DD-HH	HH04	OO-IK-LM-XX-HH-UU-FF-**
DJ09	FF-CC-GH-II-QQ-NN-LL-HH	HN01	LL-WX-BB-PP-PP-JJ-FF-GG
DJ10	FF-MN-JL-FI-QX-DD-NN-HH	HN02	HH-IK-BB-YY-QQ-KK-HH-GG
DL01	LM-KM-NP-FF-PP-OO-CC-HH	HN03	EE-DF-BB-XX-UU-II-JJ-GG
DL02	MM-KM-PQ-FW-QQ-PP-EE-HH	HX01	II-IK-HJ-II-XX-LL-RR-EE
DL03	CC-OP-BB-VV-GZ-PP-EE-II	HX02	JJ-IK-BB-WW-ZZ-MM-DD-GG
DL05	AA-PQ-HJ-FF-RR-RR-CC-GG	HX03	FF-NO-BB-XX-DD-OO-KK-FF
DL06	II-IK-MP-FF-WW-DD-DD-FG	HY01	MN-KM-MN-UU-UU-JJ-GG-BB
DL07	GG-IK-BB-II-GG-PP-EE-HH	HY02	HH-MN-MN-TT-YY-JJ-HH-MN
DL08	EE-KM-PQ-QW-HH-DO-EE-HI	HY03	LM-OP-EE-SS-UU-LL-HH-MN
DL09	JJ-KM-QR-WW-QQ-PP-EE-HH	HY04	HK-CO-PR-FW-TT-OO-CC-GG
DL10	JJ-PQ-AA-FF-HH-NN-KK-II	HZ01	II-HJ-**-XX-JJ-EE-JJ-**
DL11	NN-IK-BB-FF-VV-MM-HH-II	HZ02	FF-LM-HJ-VV-GG-RR-II-**
HB01	CC-NO-BB-22-GG-RR-HH-HH	NN01	II-VW-NP-11-ZZ-DD-FF-HH
HB02	EE-KM-LM-PP-NN-LL-LL-GG	NN02	GG-ST-GH-11-33-DD-NN-HH
HB03	FF-NO-HJ-II-AA-LL-MM-GG	NN03	FF-MN-JL-NN-MM-DD-MM-HH

续表

品种编号	引物顺序 CG1467-EG7563-GG4871-HG13568-JG13656-KG9814-NG13783-OG9034	品种编号	引物顺序 G1467-EG7563-GG4871-HG13568-JG13656-KG9814-NG13783-OG9034
NN04	FG-DE-LN-N1-M1-DD-GG-HI	TS06	II-ST-HJ-FF-SS-NN-**-GH
NN05	FF-WX-LM-II-YY-DD-DD-GH	TS07	EF-RT-GH-MM-HH-DD-DD-GG
NN06	GG-PQ-HJ-MM-NN-DD-PP-GH	TS08	IJ-ET-HJ-FF-HH-DD-KK-GH
NN07	HI-PQ-JM-LL-SS-DD-KK-FF	TS09	JJ-PQ-GH-IJ-EE-DD-II-HI
NN08	IK-UV-FH-11-LL-DD-KK-FH	TS10	DD-OP-GH-NN-GG-DD-JR-HH
NN09	DD-NO-JL-II-ZZ-DD-LL-HH	TS11	EM-PQ-HP-FF-TT-DD-MM-GH
NY01	FI-QR-FF-II-GG-DD-DD-FI	TS12	CI-PQ-FG-LL-55-MM-MM-GH
NY02	DD-QR-**-NN-22-DD-QQ-FH	TS13	CC-PQ-HJ-II-UU-DD-KK-HH
NY03	II-MN-HJ-11-CC-DD-PP-HH	TX01	HH-QR-HJ-MM-AQ-DD-EE-HH
NY04	II-OP-HJ-NN-PP-DD-KK-HH	TX03	DD-KM-JL-II-CC-DD-MM-FF
NY05	FF-MN-FJ-I1-RR-DD-MM-FF	TX04	IJ-PQ-JN-OO-HH-DD-FF-FI
NY06	DD-TU-HJ-II-JJ-FF-PP-HH	TX05	CC-MN-EE-OO-UU-EE-GG-FF
TN01	KK-TU-HJ-**-YY-DD-FM-AA	TX06	DD-WX-KK-II-FF-QQ-EE-FF
TN02	EE-ST-GH-II-KK-DD-KK-HH	XQ01	HH-RS-GH-II-DD-HH-HH-GH
TN03	CE-RS-HJ-KK-ZZ-DD-MM-HI	XQ02	JJ-PQ-IK-MM-TT-MM-FF-FF
TN04	CC-MN-HJ-OO-DD-DD-MM-AF	XQ03	FG-OR-JL-NN-BB-DD-NN-HH
TS01	II-RS-HJ-MM-QQ-DD-DD-HH	XQ04	DD-JL-PQ-11-DD-DD-EE-FF
TS02	GG-PQ-GH-11-UU-DD-JJ-HH	XX01	HH-OP-BB-FF-FF-DD-GG-GH
TS03	GG-QR-OO-LL-UU-DD-RR-FH	XX02	HI-MN-JL-OO-TT-OO-LL-FF
TS04	GG-NO-JL-**-YY-DD-RR-FF	XX03	CC-DE-RS-PP-**-NN-OO-II
TS05	II-ST-HJ-FF-RR-DO-BB-GG	—	—

注: *代表缺失条带。

第三节 谷子种质资源品种鉴别

通过引物扩增获得各谷子品种DNA数字指纹图谱，对指纹数据进行统计，计算谷子品种间的遗传相似度和差异位点数，实现对谷子品种的鉴别（表8-3）。135份谷子品种间遗传相似系数均小于0.900，所选用的8对谷子核心引物可完全区分并判别这135份谷子品种。

第四节 小结

随着SSR标记研究的不断深入，"DNA分子身份证"即身份ID的概念逐渐被提出和认可，使品种的鉴定和检索变得更加方便快捷。DNA分子身份证最早由我国的科研人员提出，之后便作为品种识别和保护的一个标准被广泛使用。它是利用计算机技术和生物信息学技术相结合将SSR指纹图谱数字化，在计算机上完成指纹图谱的读取和计算，从而避免使用人工的低效、烦琐以及人为误差等。国内学者倪西源首次提出利用SSR分子标记构建甘蓝型油菜的分子ID，并利用9对引物构建了32个甘蓝型油菜的DNA分子身份证。紧随其后，高运来、郝晨阳等学者也利用SSR分子标记对大豆、小麦、高粱等进行了SSR指纹身份ID的构建。SSR分子标记位点丰富，包含大量遗传信息，遗传稳定，又是共显性标记，用来构建分子ID，高效稳定、效率高。把荧光毛细管电泳和SSR结合，提高了数据结果的准确性，减少了操作者的主观实验误差，提高了检测效率。在此基础上，易红梅、秦瑞英等利用荧光毛细管电泳和SSR标记结构，完成了大量的玉米、小麦品种的SSR指纹ID的构建。杨剑波等编写了《小麦品种SSR指纹图谱及身份证》《棉花品种SSR指纹图谱及身份证构建》。王凤格、易红梅团队完成了SSR分析器及数据库管理系统的开发，并在2013年实现了数据库的共享。

表8-3 135份谷子品种指纹图谱

	CG1467	EG7563	GG4871	HG13568
BB01	0000001100000000	00000000000010100000000000000000	00000000000010100000000000000000	00000100000000000000000000000000
BB02	0001000000000000	00000001100000000000000000000000	01000000000000000000000000000000	00000100000000000000000000000000
BB03	0000000001000000	00000000000000000110000000000000	00000000000010100000000000000000	00000000000000000000000000000100
BB04	0001010100000000	00001000000000000000000000000000	01000000000000000000000000000000	00000000000010000000000000000000
BB05	0001010000000000	00000001000000000000100000000000	00000000000000110000000000000000	00000100000000000000000000000000
BB06	0001100000000000	00000000000000000011000000000000	00000000000010100000000000000000	00000100000000000000000000000000
BB07	0000100000000000	00000000000000000000000000000000	01000000000000000000000000000000	00000100000000000000000000000000
BB08	0000100000000000	00000000000010100000000000000000	00000000000010100000000000000000	00000100000000000000100000000000
BB09	0000010000000000	00000000001010000000000000000000	01000000000001010000000000000000	00000000000000000100000000000000
BB10	0010000100000000	00000000101000000000000000000000	01000000000000000000000000000000	00000000000000100000000000000000

第八章　谷子种质资源指纹图谱数据库的构建及品种鉴别

编号	指纹编码
BD01	0000100000000000　0000000000101000 0000000000　00000000000001010 0000000000　0000000000000010 0000000000000000
BD02	0000010000000000　0000000101010000 0000000000　0000000000000000 0001110000　0000000000000000 0100000000000000
BD03	0000000000000000　0000000000101000 0000000000　00000000000001010 0000000000　0000000100000000 0000000000000000
BD04	0000100000000000　0000000000101000 0000000000　0000000000000000 0101000000　0000000100000000 0000000000000000
BD05	0000100000000000　0000000000000000 1100000000　0000000000000000 0100000000　0000000100000000 0000000000000000
BD06	0000100000000000　0000000101000000 0000000000　0000000000000011 0000000000　0000000100000000 0000000000000000
BD07	0000000000001000　0000000000000000 0000000000　0000000110000000 0000000000　0000000100000000 0000000000000000
BD08	0000100000000000　0000000000000000 0011000000　0000000000000001 0100000000　0000000100000000 0000000000000000
BD09	0000110000000000　0000000000100000 0000000000　0000000000000000 0100000000　0000000000000100 0000000000000000
BD10	0000100000000000　0000100000000000 0000000000　0000000000000000 0101000000　0000000000000000 0100000000000000

续表

	CG1467	EG7563	GG4871	HG13568
BJ01	0010000000000000 0000000000000000	0000000000000000 0110000000000000	0000000000000000 0000000000000000	0000000100000000 0000000000000000
BJ02	0000010000000000 0000000000000000	0000000000000000 0000110000000000	0000000000000001 0100000000000000	0000000000000000 0100000000000000
BJ03	0000000000000000 0000000000000000	0000000000000000 0000110000000000	0000000000001010 0000000000000000	0000000100000000 0000000000000000
BJ05	0001001000000000 0000000000000000	0000000000000000 0110000000000000	0000000000001010 0000000000000000	0000000000000000 0010000001000000
BJ06	0000110000000000 0000000000000000	0000000001010000 0000000000000000	0000000000000011 0000000000000000	0000000100000000 0000000000000000
BJ07	0000000000000000 0000000000000000	0000000001010000 0011000000000000	0000000000001010 0000000000000000	0000000100000000 0000000000000000
BJ08	0010000100000000 0000000000000000	0000000010000000 0000000000000000	0000000110000000 0000000000000000	0000000000010000 0000000000000000
BJ09	0000000000000000 0000000000000000	0000000000000000 1100000000000000	0000000000000000 0000000000000000	0000000100000000 0000000000000000
BN01	0000000010000000 0000000000000000	0000000000000000 0110000000000000	0000000000000011 0000000000000000	0000000100000000 0000000000000000
BN02	0000000000001000 0000000000000000	0000000000000000 0110000000000000	0000000000001010 0000000000000000	0010100000000000 0000000000000000

样品	指纹条带
BN03	0001000000000000 0000000000000000 0110000000000000 0000000000101000 0000000000000000 0000000000010000 0000000000000000
BN04	0010000000000000 0000000000001010 0000000000000000 0100000000000000 0000000000000000 0000000000100000 0000000000000000
BN05	0000000000100000 0000000000000000 0000000000000000 0000000000000001 0100000000000000 0000000000100000 0000000000000000
BN06	0000000000100000 0000000000000000 0000000000000000 0000000000000001 0100000000000000 0000000000100000 0000000000000000
BN07	0000110000000000 0000000000000000 0110000000000000 0000000000000000 1000010000000000 1000010000000000 0000000000000000
BN08	0001000000000000 0000000000000010 1000000000000000 0000000000101000 0000000000000000 0000010000000000 0000000000000000
BN09	0010000000000000 0000000000000010 0000000000000000 0000000000000000 0000000000000000 0000010000000000 0000000000000000
DH01	0000000010000000 0000000000000000 1000000000000000 0000000101000000 0000000000000000 0000000000000000 0000100000000000
DH02	0000000010000000 0000000000000000 1000000000000000 0000011000000000 0000000000000000 0000000000000001 0000000000000000
DH03	0000000011000000 0000000000000000 0000000000000000 0010000000000000 0000000000000000 0000000100000000 0000000000000000

续表

	CG1467	EG7563	GG4871	HG13568
DH04	0000000010000000000000000000	1000000000000000000000000000	0000000000000000000000000101	0000000001000000000100000000
DH05	0000000001000000000000000000	1000000000000000000000000000	0100000000000000000000000000	0000000001000000000000000000
DH06	0000010000000000000000000000	1000000000000000000000000000	1010000000000000000000000000	0000000000000000000100000000
DH07	0000000001000000000000000000	1000000000000000000000000000	0010000000000000000000000001	0000010000000000000000000000
DH08	0000000010010000000000000000	1000000000000000000000000000	0000000000000000000000000010	0000000001000000000100000000
DH09	0000000010000000000000000000	1000000000000000000000000000	0000000000000000000000000001	0000000001000000000000000000
DH10	0000000010000000000000000000	1010000000000000000000000000	0000000000000000000000001010	0000000100010000000000000000
DH11	1000000000000000000000000000	0010000000000000000000000000	0000000000000000000000001010	0000000000000000000000000000
DH12	1000000000000000000000000000	0100000000000000000000000000	0100000000100000000000000000	0000000001000000000100000000
DJ01	0000000001000000000000000000	0000000000000000000011000000	0100000000000000000000000000	0000010000000000000100000000

第八章 谷子种质资源指纹图谱数据库的构建及品种鉴别

编号	指纹图谱
DJ02	1000000000000000 0000000000000 1000000000000000 0000000000000 0000011000000000 0000000000 0000010000000000 0000000000001000
DJ03	0000000000100000 0010000000000000 0000000000110000 0000000000000000 0000000000000000 0000000100000000
DJ04	0000010000000000 0000000000000010 1000000000000000 0000000000000011 0000000000000000 0000000100000000 0000000000000000
DJ05	0011000000000000 0011000000000000 0000000000000000 0110000000000000 0000000100000000 0000000000000000
DJ06	0010010000000000 0000000000000010 0001000000000000 0000010000000000 0000100000 0000010000000000 0000000000000000
DJ07	0000000100000000 0000110000000000 0000100000000000 0000000000001010 0000000000000000 0000010000000000
DJ08	0000000001000000 0000000000000010 0000000000100000 0000110000000000 0000000000000001 0000000000000000
DJ09	0000010000000000 0010000000000000 0000110000000000 0000100000000000 0000010000000000 0000000000000000
DJ10	0000010000000000 0000000000001010 0000000000101000 0000100000000000 0000000000000000
DL01	0000000000001100 0000000000000000 0000000000000001 0100000000 0000010000000000 0000000000000000

续表

	CG1467	EG7563	GG4871	HG13568
DL02	000000000000100 0000000000000000	000000000001010 000000000000000	000000000000000 010100000	000001000000000 000000001000000
DL03	001000000000000 0000000000000000	000000000000000 011000000000	010000000 000000000	000000000000000 000000001000000
DL05	100000000000000 0000000000000000	000000000000000 011000000000	000000101000000 000000000	000001000000000 000000001000000
DL06	000000001000000 0000000000000000	000000000101000 000000000000	000000000000010 010000000	000001000000000 000000000000000
DL07	000000100000000 0000000000000000	000000000101000 000000000000	000000000000000 010100000	000000000100000 000000000000000
DL08	000010000000000 0000000000000000	000000000001010 000000000000	000000000000000 010100000	000000000000000 010000001000000
DL09	000000000100000 0000000000000000	000000000000000 001110000000	000000000000000 000110000	000000000000000 001000001000000
DL10	000000000100000 0000000000000000	000000000101000 001100000000	100000000000000 000000000	000001000000000 000000000000000
DL11	000000000000010 0000000000000000	000000000000000 000000000000	010000000000000 000000000	000001000000000 000000000000000
HB01	001000000000000 0000000000000000	000000000000000 110000000000	010000000000000 000000000	000000000000000 000000000000010

第八章　谷子种质资源指纹图谱数据库的构建及品种鉴别

编号	列1	列2	列3	列4
HB02	00001000000000000000	000000000000101000000000000000	00000000000010100000000000000000	000000000000000001000000000000000
HB03	00001000000000000000	000000000000000011000000000000	00000000010100000000000000000	000000000010100000000000000000
HG01	00001000000000000000	000000010000000010000000000000	00000000000000000000000000000	000000000000000100000000000000
HG02	01000010000000000000	000010100000000000000000000000	00000100000000000000010000	000000000100000000000000000000
HG03	00001000000100000000	000001000000000001000000000000	00000000000000000000000000	000000000000010100000000000000
HH01	00000001000000000000	000001010000000000000000000000	00000000000000000000000000	000000010100000000000000000000
HH02	00000001000000000000	000000000000000001100000000000	00000011000000000000000000	010000000101000000000000000000
HH03	01000000000000000000	000000000101000011000000000000	00011000000000000000000000	000000000000000000100000000000
HH04	00000000000000000001	000000000000000000000000000000	00000000000000101000000000	000000000000000000000000000000
HN01	00000000000001000	000000000000011000000000000000	01000000000000000000000000	000000000000000010100000000000

续表

	CG1467	EG7563	GG4871	HG13568
HN02	00000000010000000000	0000000000101000 0000000000000000	0100000000000000 00000000	00000000000000000000 00000000000010000
HN03	00001000000000000000	0000101000000000 0000000000000000	0100000000000000 00000000	00000000000000000000 00000000000010000
HX01	00000000010000000000	0000000000101000 0000000000000000	0000000101000000 00000000	00000000000000000000 00000000000100000
HX02	00000000000100000000	0000000000000000 1100000000000000	0100000000000000 00000000	00000000000000000000 00000000000100000
HX03	00000010000000000000	0000000000001010 0000000000000000	0000000000000011 00000000	00000000000000000000 00000000000100000
HY01	00000000000000000110	0000001000000000 1000000000000000	0000000000000011 00000000	00000000000000000000 00000100000000000
HY02	00000001000000000000	0000000000000000 0110000000000000	0000000100000000 00000000	00000000000000000000 00000100000000000
HY03	00000000000001100000	0010000000000000 0100000000000000	0000000000000000 00000000	00000000000000000000 00001000000000000
HY04	00000000100100000000	0000000001010000 0000000000000000	0000000000000000 01000100	00000001000000000000 00000000001000000
HZ01	00000000010000000000	0000000001010000 0000000000000000	0000000000000000 00000000	00000000000000000000 00000000000100000

第八章　谷子种质资源指纹图谱数据库的构建及品种鉴别

编号	指纹
HZ02	0000010000000000 0000000000000101 0000000000000000 0000000010100000 0000000000000000 0000000100000000
NN01	0000000001000000 0000000000000000 0000000000000110 0000000000000001 0000000000000000 0000000000000000
NN02	0000001000000000 0000000000000000 0000000000000000 0000000110000000 0100000000000000 0000000000000100
NN03	0000010000000000 0000000000000000 0000011000000000 0000000000101000 0000000000000000 0000000000000001
NN04	0000011000000000 0000100000000000 0000000000000000 0000000000001001 0000000000000000 0000000000000000
NN05	0000010000000000 0000000000000000 0000000000000011 0000000000001010 0000000000000000 0000000000000001
NN06	0000000100000000 0000000000000000 0011000000000000 0000000101100000 0000000000000000 0000000000000010
NN07	0000000110000000 0000000000000000 0011000000000000 0000000001100010 0000000000000000 0000000000000100
NN08	0000000001010000 0000000000000000 0000000001100000 0000101010000000 0000000000000000 0000000000000000
NN09	0001000000000000 0000000000000000 1100000000000000 0000000001011000 0000000000000000 0000000000000100

续表

	CG1467	EG7563	GG4871	HG13568
NY01	00000100010000000000	00000000000000000000000110000000	00000100000000000000000000000000	00000000010000000000000000000000
NY02	00010000000000000000	00000000000000000000000110000000	00000000000000000000000000000000	00000000000000010000000000000000
NY03	00000000010000000000	00000000000000000010100000000000	00000010100000000000000000000000	00000000000000000000000000000100
NY04	00000000010000000000	00000000000000000000011000000000	00000010100000000000000000000000	00000000000000010000000000000000
NY05	00000100000000000000	00000000000000000000100000000000	00001000100000000000000000000000	00000000010000000000000000000100
NY06	00010000000000000000	00000000000000000000000011000000	00000010100000000000000000000000	00000000010000000000000000000000
TN01	00000000000100000000	00000000000000000000000011000000	00000010100000000000000000000000	00000000000000000000000000000000
TN02	00001000000000000000	00000000000000000000000110000000	00000011000000000000000000000000	00000000010000000000000000000000
TN03	00101000000000000000	00000000000000000000000011000000	00000010100000000000000000000000	00000000000010000000000000000000
TN04	00100000000000000000	00000000000000000010100000000000	00000010100000000000000000000000	00000000000000001000000000000000

TS01	00000000001000000000 0000000000000000000000001100000 0000000010100000000000000000 0000000000000010000000000000000		
TS02	00000000100000000000 0000000000000000000000110000000 0000000110000000000000000000 0000000000000000000000000000100		
TS03	00000000100000000000 0000000000000000000000011000000 0000000000000000001010000000000 0000000000000000000000000000000		
TS04	00000000100000000000 0000000000000000000011000000000 0000000000101000000000000000 0000000000000000100000000000000		
TS05	00000000001000000000 0000000000000000000000011000000 0000000010100000000000000000 0000000000000000000000000000000		
TS06	00000000001000000000 0000000000000000000000011000000 0000000010100000000000000000 0000000010000000000000000000000		
TS07	00001100000000000000 0000000000000000000000001010000 0000000110000000000000000000 0000000010000000000000000000000		
TS08	00000000001100000000 0000000000000000000000000010000 0000000010100000000000000000 0000000100000000000000000000000		
TS09	00000000000100000000 0000000000000000000000110000000 0000000110000000000000000000 0000000000000001100000000000000		
TS10	00010000000000000000 0000000000000000000001100000000 0000000110000000000000000000 0000000000000000010000000000000		

续表

	CG1467	EG7563	GG4871	HG13568
TS11	000010000000100	000000000000000 0011000000	000000100000000 0100000000	000000100000000 0000000000000000
TS12	001000001000000	000000000000000 0011000000	000001100000000 0000000000	000000000000100 0000000000000000
TS13	001000000000000	000000000000000 0011000000	000000101000000 0000000000	000000000100000 0000000000000000
TX01	000000010000000	000000000001010 0011000000	000000001010000 0000000000	000000000000010 0000000000000000
TX03	000110000000000	000000000000000 0011000000	000000001000001 0000000000	000000000100000 0000000000000000
TX04	000000001100000	000000000000000 1000000000	000010000000000 0000000000	000000000000000 1000000000000000
TX05	001000000000000	000000000000000 0000000011	000000000000100 0000000000	000000000100000 0000000000000000
TX06	000100000000000	000000000000000 000011000	000000110000000 0000000000	000000000100000 0000000000000000
XQ01	000000010000000	000000000000000 0000110000	000000000010000 0000000000	000000000100000 0000000000000000
XQ02	000000000100000	000000000000000 0011000000	000000000010000 0000000000	000000000000010 0000000000000000

样品	JG13656	KG9814	NG13783	OG9034
XQ03	00000110000000000 00000000000000000	00000000000000000 01001000000	00000000001010000 000000000	00000000000000001 0000000000000000
XQ04	00010000000000000 00000000000000000	00000000000010100 000000000	00000000000000000 010100000	00000000000000000 0000000000000100
XX01	00000010000000000 00000000000000000	00000000000000000 01100000000	01000000000000000 000000000	00000000000000010 0000000000000000
XX02	00000011000000000 00000000000000000	00010000000000000 100000000	00000000000101000 000000000	00000000000000000 1000000000000000
XX03	00100000000000000 00000000000000000	00001000000000000 000000000	00000000000000000 000011000	00000000000000000 0100000000000000
BB01	00000000000000000 00000000000000000 10000000000000000	00100000000000000 000000	00100000000000000 000	00000100000000000 00000
BB02	00000000100000000 00000000000000000 00000000000000000	10000000000000000 000000	00000000000000100 000	00000100000000000 00000
BB03	00000000000000000 00000000000000000 00000000000000000	00000000000000000 000100	00100000000000000 000	00000100000000000 00000
BB04	00000000000100000 00000000000000000 00000000000000000	00000000000000000 000000	00001000000000000 000	00000100000000000 00000

续表

	JG13656	KG9814	NG13783	OG9034
BB05	0000010000000000 0010000000000000	0010000000000000 000000	00100001000000000 000	000001100000000000 00000
BB06	0000000001000000 0010000000000000	0001000000000000 000000	00100000000000000 000	000001100000000000 00000
BB07	0000000000000000 0000000000000000	0000000000000000 010000	00100000000000000 000	000001000000000000 00000
BB08	0000000000000000 0010000000000000	0000000000000001 000000	00100000000000000 000	000000000100000000 00000
BB09	0010000000000000 0000000000000100	0010000100000000 000000	00100000000000000 000	000001000000000000 00000
BB10	0000000001000000 0000000000000000	0010000000000000 000000	00100010000000000 000	000000011000000000 00000
BD01	0000000010000000 0000000000000000	0010000000000000 000000	00100000000000000 000	000000000100000000 00000
BD02	0000000010000000 0000000000000000	0000000000000000 100000	00100000000000000 000	000000011000000000 00000
BD03	0000000010000000 0000000000000000	0000000000001000 001000	00100000000000000 000	000000000100000000 00000
BD04	0000000000000000 0000000000000100	0000000000000000 000000	00100000000000000 000	000001000000000000 00000

```
BD05  000000010000000000000000000000000000000000000000010000000000000000001000000000000000000000000001000000000000000000
BD06  000000010000000000000000000000000000000000000000000000010000000000000000001000000000000000000000000001000000000000000000
BD07  000000000000000000000000000100000000000000000000000000000000000000000000001000000000000000000000000001000000000000000000
BD08  000000000000000100000000000000000000000000010000000000000000000000000000001000000000000000000000000000100000000000000000
BD09  000000010000000000000000000000000000000000000000000000000100000000000000001000000000000000000000000001100000000000000000
BD10  000000010000000000000000000000000000000000000000000000000010000000000000001000000000000000000000000001000000000000000000
BJ01  000000000000001000000000000000000000000000000000000000000000000001000000001000000000000000000000000001000000000000000000
BJ02  000000000000000000000000000000000100000000000000000000000000000010000000001000000000000000000000000001000000000000000000
BJ03  000000010000000000000000000000000000000000000000000000000010000000000000001000000000000000000000000001000000000000000000
BJ05  000000010000000010000000000000000000000000000000000000000000000001000000001000000000000000000000000001000000000000000000
```

续表

	JG13656	KG9814	NG13783	OG9034
BJ06	00000000100000000000000000000000000	00000010000000000000000000	00100000000000000000000	00000011000000000000000000000
BJ07	00000000100000000000000000000000000	00100000000000010000000000	00010000000000000000000	00000010000000000000000000000
BJ08	00000000100000000000000000000000000	00100000000000001000000000	00001000000000000000000	00000010000000000000000000000
BJ09	00000000000000000000000100000000000	00000000000000010000000000	00000010000000000000000	00000010000000000000000000000
BN01	00000001000000000000000000000000000	00000000000100000000000000	00000001000000000000000	00000010000000000000000000000
BN02	00000001000000000000000000000000000	00000000000001000000000000	00100000000000000000000	00000010000000000000000000000
BN03	00000001000000000000000000000000000	00000000000000000001000000	00100000000000000000000	00000010000000000000000000000
BN04	00000000100000000000000000000000000	00000000000000000001000000	00010000000000000000000	00000010000000000000000000000
BN05	00000000010000000000000000000000000	00000000000000000001000000	00001000000000000000000	00010000000000000000000000000
BN06	00000000001000000000000000000000000	00000000000000000001000000	00001000000000000000000	00010000000000000000000000000

第八章 谷子种质资源指纹图谱数据库的构建及品种鉴别

```
BN07  00000000000000000000000100000000  00000001000000100000000000000000  00000001000000000000000000000000  00000011000000000000000
BN08  00000000000000100000000000000000  00000000000000000000010000000000  00010000000000000000000000000000  00000010000000000000000
BN09  00000000000010000000000000000000  00000000000000100000010000000000  00010000000000000000000000000000  00000001000000000000000
DH01  01000000000000000000000000000000  00000000000000000000000000000000  00000000000001000000000000000000  00000100000000000000000
DH02  00010000000000000000000000000000  00100000000000000000000000000000  01000000000000000000000000000000  00000000000000000000000
DH03  00000000000000000000000000000000  00100000000000000000000000000000  01000000000001000000000000000000  00000011000000000000000
DH04  00000000000000000000000000000000  00000000000001000000000000000000  00000000000000100000010000000000  00000000000000000000000
DH05  01000000000000000000000000000000  00000000000000000000000000000000  00000000000000000000010000000000  00000110000000000000000
DH06  10000000000000000000000000000000  00000000000000000000000000000000  00000001000000000000010000000000  00000100000000000000000
DH07  10000000000000000000000000000000  00100000000000000000000000000000  00000000000010000000000000000000  00000100000000000000000
```

续表

	JG13656	KG9814	NG13783	OG9034
DH08	00000000000000001000000000000000	0010000000010000000000	0000000000000010000	000001110000000000000
DH09	00000000010000000001000000000000	0010000000000000000000	0000010001000000000	000001010000000000000
DH10	00000000001000000000000000000000	0010000000100000000000	0000000000010000000	000000000000000011000
DH11	00000000000010000000000000000000	0000000000000001000000	0000000000100000000	000000000000000000000
DH12	00000000000000000010000000000000	0010000000100000000000	0000000000010000000	000000000000000011000
DJ01	00000000000000000010000000000000	0000000010001000000000	0010000000000000000	001000000010000000000
DJ02	00000000000000000010000000000000	0000000000000000001000	0000000000010000000	000000000011000000000
DJ03	00000000000000000010000000000000	0010000000000000000000	0001000000000000000	100000000000000000000
DJ04	00000001000000000000000000000000	0000000010000000000000	0010000000000000000	000000010000000000000
DJ05	00000000000000000010000000000000	0010000000000000010000	0000000000000100000	000000010000000010000

编号	指纹图谱
DJ06	00000000100000000000000000000000 00100000000000000000000000000000 00100100000000000000000000000000 00000011000000000000000000000000
DJ07	00000000000000000000000100000000 00000000000000010000000000000000 00000000000000000000000000000000 00000001000000000000000000000000
DJ08	00000000000000000100000000000000 00100000000000000000000000000000 00000000000000000000000000000000 00000001000000000000000000000000
DJ09	00000000000000000000000000000000 00000000000000000000000000000000 00000000000001000000000000001000 00000001000000000000000000000000
DJ10	00000000000000000100000100000000 00100000000000000000000000000000 00000000000000000000000000000000 00000001000000000000000000000000
DL01	00000000000000001000000000000000 00000000000000000000000000000000 00000000000000100000000000000000 00000001000000000000000000000000
DL02	00000000000000000100000000000000 00000000000000000000000000000000 00000000000000000010000000000000 00000001000000000000000000000000
DL03	00000010000000000000000000000000 00000000000000000000000000000000 00000000000000010001000000000000 00000001000000000000000000000000
DL05	00000000000000000010000000000000 00000000000000000000000010000000 00000000000000000001000000000000 00000001000000000000000000000000
DL06	00000000000000000000000100000000 00100000000000000000000000000000 00000000000000000001000000000000 00000011000000000000000000000000

续表

	JG13656	KG9814	NG13783	OG9034
DL07	00000010000000000000000000000000	00000000000000010000000000000	00001000000000000000000	00000010000000000000000
DL08	00000001000000000000000000000000	00100000000000100000000000000	00001000000000000000000	00000011000000000000000
DL09	00000000000000000000000000000000	00000000000000010000000000000	00001000000000000000000	00000010000000000000000
DL10	00000010000000000000010000000000	00000000000001000000000000000	00000000000100000000000	00000001000000000000000
DL11	00000000000000000000010000000000	00000000000010000000000000000	00000100000000000000000	00000010000000000000000
HB01	00000010000000000000000000000000	00000000000000000001000000000	00000100000000000000000	00000010000000000000000
HB02	00000000000000100000000000000000	00000000000100000000000000000	00000000000100000000000	00000010000000000000000
HB03	10000000000000000000000000000000	00000000000100000000000000000	00000000010000000000000	00000010000000000000000
HG01	00000010000000001000000000000000	00100000000000000000000000000	00100000000000000000000	00000011000000000000000
HG02	00000001000000001000000000000000	00000000000000100000000000000	00010000000000000000000	00010010000000000000000

第八章 谷子种质资源指纹图谱数据库的构建及品种鉴别

编号	指纹码
HG03	00000000000000001 0000000000000000 0100000000000000 000000 0000000000000000 000 0000000100000100 00000
HH01	00000000000000001 0000000000000000 0000000100000000 000000 0000000100000000 000 0000000000000000 00000
HH02	00000000000000000 0000000000000000 0001000000000000 000000 0000000000000000 000 0000000000000011 00000
HH03	00000000000000000 0010000000000000 0000000000000000 000000 0000000000000000 000 0000000000001100 00000
HH04	00000001000000000 0000000000000000 0000000000000000 010000 0000001000000000 000 0000000000000000 00000
HN01	00000000000000000 0000000000000000 0000000001000000 000001 0000001000000000 000 0000000100000000 00000
HN02	00000000000000000 0100000000000000 0000000000100000 000000 0000001000000000 000 0000000100000000 00000
HN03	00000000000000000 0000100000000000 0000000010000000 000000 0000000001000000 000 0000000100000000 00000
HX01	00000000100000000 0000001000000000 0000000000010000 000000 0000000000000000 001 0000100000000000 00000
HX02	00000000100000000 0000000000000000 0000000000001000 000000 0001000000000000 000 0000100000000000 00000

续表

	JG13656	KG9814	NG13783	OG9034
HX03	0001100000000000 0000000000000000	0000000000000010 000000	0000000000010000 000	0000010000000000 00000
HY01	0000010000000000 0000000000000000	0000000001000000 000000	0000000100000000 000	0100000000000000 00000
HY02	0000000000000000 0000000001000000	0000000001000000 000000	0000000010000000 000	0000000000000110 00000
HY03	0000000000000000 0000001000000000	0000000000000000 000000	0000000100000000 000	0000000000000110 00000
HY04	0000000100000000 0000000000000000	0000000000000010 000000	0010000000000000 000	0000001000000000 00000
HZ01	0000010000000000 0000000000000000	0000000000000000 010000	0000000001000000 000	0000000000000000 00000
HZ02	0000000000000000 0000000000000000	0010000000000000 000000	0000001000000000 000	0000000010000000 00000
NN01	0000000000000000 0000000100000000	0010000000000000 000000	0000000000000000 000	0000000010000000 00000
NN02	0000000000000000 0000000000000010	0010000000000000 000000	0000000000000010 000	0000000010000000 00000
NN03	0000000000000100 0000000000000000	0010000000000000 000000	0000000000000100 000	0000000010000000 00000

第八章　谷子种质资源指纹图谱数据库的构建及品种鉴别　177

样品	指纹图谱
NN04	00000000000000100000000000010000 0010000000000000000000 0000010000000000000 000000011000000000000
NN05	00000000000000000000000001000000 0010000000000000000000 0001000000000000000 000000011000000000000
NN06	00000000000000010000000000000000 0010000000000000000000 0000000000000000100 000000010000000000000
NN07	00000000000000000000100000000000 0010000000000000000000 0000000000010000000 000000101000000000000
NN08	00000000000001000000000000000000 0010000000000000000000 0000000000010000000 000000010000000000000
NN09	00000000000000000000000000100000 0010000000000000000000 0001000000000001000 000000100100000000000
NY01	00000100000000000000000000000000 0010000000000000000000 0000000000000000010 000000100100000000000
NY02	00000000000000000000000000001000 0010000000000000000000 0001000000000000000 000000101000000000000
NY03	00100000000000000000000000000000 0010000000000000000000 0000000000010000100 000000010000000000000
NY04	00000000000000001000000000000000 0010000000000000000000 0000000000000000000 000000010000000000000

续表

	JG13656	KG9814	NG13783	OG9034
NY05	00000000000000000010000000000000	0010000000000000000000	0000000000000100000	000001000000000000000
NY06	00000000010000000000000000000000	0000100000000000000000	0000000000000000100	000001000000000000000
TN01	00000000000000000000000001000000	0010000000000000000000	0000100000000100000	100000000000000000000
TN02	00000000000100000000000000000000	0010000000000000000000	0000000000010000000	000001000000000000000
TN03	00000000000000000000000000100000	0010000000000000000000	0000000000000100000	000000011000000000000
TN04	00010000000000000000000000000000	0010000000000000000000	0000100000000000000	000010000000000000000
TS01	00000000000000000100000000000000	0010000000000000000000	0000000000000100000	000000010000000000000
TS02	00000000000000000000100000000000	0010000000000000000000	0000000000000000000	000000010000000000000
TS03	00000000000000000000010000000000	0010000000000000000000	0000000000000000001	000001010000000000000
TS04	00000000000000000000000001000000	0010000000000000000000	0000000000000000001	000001000000000000000

第八章 谷子种质资源指纹图谱数据库的构建及品种鉴别

```
TS05  000000000000000000100000000000000000000000000010010000000000000000000000010000000000
TS06  000000000000000000001000000000000000000000000100000000000000000000000000011000000000
TS07  000000001000000000000000000000000000000000000000000000000000000000000000010000000000
TS08  000000001000000000001000000000000000000000000000000000000000000000000000011000000000
TS09  000010000000000000001000000000000000000000000000000000000100000000000000001100000000
TS10  000000010000000000001000000000000000000000000000000000000010000000100000001000000000
TS11  000000000000000000001000000000000000000000000000000000000000000000000000011000000000
TS12  000000000000000000000000000000000000000000001000000000000000010000000000011000000000
TS13  000000000000000100001000000000000000000000000000000000000001000000000000010000000000
TX01  000000010000000010000000000000000000000000000000000010000000000000000000010000000000
      0100000000000000
```

续表

	JG13656	KG9814	NG13783	OG9034
TX03	00100000000000000000000000000000000000000000	00100000000000000000000000000000000000000000	00000000000010000000000000000000000000000000	00000100000000000000000000000000000000000000
TX04	00000000100000000000000000000000000000000000	00100000000000000000000000000000000000000000	00000100000000000000000000000000000000000000	00000100100000000000000000000000000000000000
TX05	00000000000000000001000000000000000000000000	00010000000000000000000000000000000000000000	00000100000000000000000000000000000000000000	00000100000000000000000000000000000000000000
TX06	00000100000000000000000000000000000000000000	00000001000000000000000000000000000000100000	00010000000000000000000000000000000000000000	00000110000000000000000000000000000000000000
XQ01	00000000000000000000000000000000000000000000	00000010000000000000000000000000000000000000	00000001000000000000000000000000000000000000	00000100000000000000000000000000000000000000
XQ02	00000000000000000000000000000000000000000000	00000000000010000000000000000000000000000000	00000100000000000000000000000000000000000000	00000100000000000000000000000000000000000000
XQ03	01000001000000000000000000000000000000000000	00100000000000000000000000000000000000000000	00000000000000100000000000000000000000000000	00000100000000000000000000000000000000000000
XQ04	00010000000000000000000000000000000000000000	00100000000000000000000000000000000000000000	00001000000000000000000000000000000000000000	00000100000000000000000000000000000000000000
XX01	00010000000000000000000000000000000000000000	00100000000000000000000000000000000000000000	00000001000000000000000000000000000000000000	00000110000000000000000000000000000000000000
XX02	00000100000000000000000000000000000000000000	00000000000000100000000000000000000000000000	00000000000010000000000000000000000000000000	00000100000000000000000000000000000000000000
XX03	00000000000000000000000000000000000000000000	00000000000001000000000000000000000000000000	00000000000000010000000000000000000000000000	00000100000000000000000000000000000000000000

本研究基于8个SSR位点荧光标记分析数据，成功构建了135份谷子种质资源的DNA指纹图谱数据库，且经筛选得到的8对SSR核心引物能够有效地将135份谷子品种完全区分并判别，鉴别率达到100%。目前数据库已能实现品种鉴别功能。谷子分子研究起步较晚，但随着谷子基因组测序的完成，海量数据可用于分子标记的开发，除了SSR标记，还可以开发丰度更高、覆盖更全面、多态性更好的SNP标记，为谷子分子研究的开展提供条件。同时，谷子基因组较小，且与水稻、玉米等禾本科作物有很高的共线性，标记间通用性强，利于比较基因组学研究。谷子有许多优良基因，功能基因研究的深入必将有助于加快谷子种质资源的保护、品种改良创新和新品种选育进程。

第九章

绿豆品种 SSR
核心引物筛选

第一节　实验材料与方法
第二节　绿豆基因组的提取及检测
第三节　绿豆SSR核心引物筛选
第四节　绿豆SSR核心引物分析
第五节　小结

随着绿豆分子遗传研究工作的开展,已有5张遗传连锁图谱发表,但绿豆全染色体连锁群的图谱未发表。而作为豇豆属的小豆、豌豆全基因组测序已经完成,豇豆属中的分子标记具有通用性,为绿豆遗传连锁图谱的构建与发展提供全新思路。前期绿豆分子遗传学研究比较落后,RAPD、AFLP等常用标记方法应用比较频繁,但RAPD技术不稳定,且RAPD和AFLP技术烦琐、费用昂贵。因此,随着技术的开发,基于PCR技术的标记技术应用越来越多,如SSR分子标记技术。

第一节　实验材料与方法

一、实验材料

从3个参试地区(省)选取地理来源较远、农艺形状差异较大的10份绿豆品种为模板,对100对SSR引物进行筛选。每个绿豆品种取室温下种植12d的新鲜嫩叶,液氮冷冻后置于-80℃超低温冰箱中保存备用,引物筛选所用绿豆品种信息见表9-1。

表9-1　10份绿豆品种信息

序号	系统编号	名称	代号	产地省份
1	C0825	中粒绿豆	HLJ4	黑龙江
2	C0840	3129	HLJ18	黑龙江
3	C0857	63绿20	HLJ32	黑龙江
4	C0689	绿豆	JL2	吉林
5	C0709	大眼绿豆	JL16	吉林

续表

序号	系统编号	名称	代号	产地省份
6	C4445	GCM8703-H-1	JL53	吉林
7	C0727	小绿豆	JL72	吉林
8	C0670	小绿豆	LN8	辽宁
9	C0786	鹦哥绿	LN17	辽宁
10	C3840	毛绿豆	LN48	辽宁

选取NCBI数据库中30对绿豆SSR引物和中国农业科学院作物科学研究所提供的70对SSR引物进行筛选。

二、实验方法

（一）绿豆样品DNA提取

每个绿豆品种取室温下种植12d的新鲜嫩叶，液氮环境下在球磨仪中打碎，利用试剂盒法提取基因组DNA。

（二）DNA浓度与质量的检测

用0.8%的琼脂糖凝胶对DNA进行电泳检测，用紫外分光光度计测定浓度，最后稀释成20ng/μL置于4℃环境下保存备用。取2μL绿豆基因组DNA母液，用无菌水稀释至200μL，利用QT-88A智能核酸蛋白检测仪测定比值，若比值在$1.7<OD_{260}/OD_{280}<2.0$，说明所提取的DNA样品较纯；取5μL绿豆基因组DNA母液与1μL 6×上样缓冲液充分混合，在电压100V、1%琼脂糖凝胶及1×TAE缓冲液条件下电泳30min。置于凝胶成像系统中观察，若条带无拖尾，点样孔处无亮条，说明DNA无降解，符合实验要求。

（三）PCR反应体系与程序

PCR反应在东胜龙ETC-811 PCR仪上进行，参数为：94℃预变性5min，40个循环（94℃变性30s，54℃退火30s，72℃延伸30s），72℃延伸8min，4℃保存。以

Low MW DNA Marker-A作对照利用2%琼脂糖凝胶电泳检测PCR扩增产物，在凝胶成像系统下观察拍照。

（四）琼脂糖凝胶电泳检测

取6μL PCR扩增产物，用3%琼脂糖在1×TAE缓冲液中以5V/cm的电压电泳1~1.5h，然后置于凝胶成像系统中拍照。

（五）聚丙烯酰胺电泳检测

PCR扩增产物利用8%非变性聚丙烯酰胺电泳检测，电泳后经硝酸银染色观察结果，具体步骤如下：

（1）洗涤剂清洗玻璃板后用无菌水擦洗，晾干后再用95%乙醇擦洗两次；

（2）将玻璃板晾干备用，待玻璃板上乙醇完全挥发后，将其安装到制胶架上；

（3）配制8%聚丙烯酰胺凝胶溶液（20mL）（表9-2）；

表9-2　8%聚丙烯酰胺凝胶溶液（20mL）

组分	加入量/mL
30% 丙烯酰胺	5.3
5×TBE	4.0
10% 过硫酸铵	0.14
四甲基乙二胺（TEMED）	0.013
无菌水	10.5

（4）配制好聚丙烯酰胺凝胶溶液后，立即将其注入玻璃板空隙内，注意防止气泡产生，然后将合适的梳子插入凝胶溶液中，待其静置1.5h左右，使凝胶溶液充分聚合；

（5）凝胶溶液充分聚合后将梳子拔出，将胶板组置于电泳槽中，向电泳槽内加入1.0×TBE缓冲液至缓冲液没过梳子孔；

（6）在PCR扩增产物中加入6×上样缓冲液3μL充分混合，每个加样孔上样量为1.5μL；

（7）上样完毕后连接电泳仪，120V电压下电泳1.5h。

（8）电泳完成后将凝胶移入染色盘中，用无菌水轻轻摇洗，重复两次；

（9）向染色盘中加入固定液（4.6mL乙酸，100mL乙醇，100mL无菌水），置于摇床振荡3min，弃去固定液后用无菌水冲洗10s；

（10）配制0.2%硝酸银染色液（0.4g AgNO$_3$，200mL无菌水），立即将其加入染色盘中，摇床振荡7min后弃去染色液，无菌水冲洗两次；

（11）向染色盘中加入显色液（3.2g NaOH，0.8mL甲醛，200mL无菌水，甲醛现用现加）轻轻摇洗10s后弃去，加入新的显色液，轻摇至条带清晰为止；

（12）弃去显色液，用无菌水轻轻漂洗凝胶；

（13）观察拍照，记录。

（六）毛细管电泳检测

将甲酰胺与分子质量内标按100∶1的体积比混匀后，取15μL加入上样板中，再加入1μL稀释10倍的PCR产物。最后使用3730XL测序仪进行毛细管电泳，利用Genemarker中的Fragment（Plant）片段分析软件对测序仪得到的原始数据进行分析，将各泳道内分子质量内标的位置与各样品峰值位置进行比较分析，得到片段大小。

（七）聚丙酰胺凝胶电泳数据处理分析

观察PCR产物电泳结果，利用Gel-Pro analyzer软件统计稳定且易于分辨的差异性条带，谱带按0/1系统记录，有此带时赋值为"1"，无此带时赋值为"0"，得到相应绿豆品种的"0、1"矩阵。记录结果利用Popgene 32软件计算位点多态性信息含量、香农多样性指数、有效等位基因数等遗传多样性数据；利用NTSYS 2.10e软件计算遗传相似系数。

（八）毛细管电泳检测数据处理分析

根据目标峰位置与内标LIZ500进行比较，读出每个样品在各等位位点片段大小，用Convert 1.31软件进行格式转换，然后用Popgene 32软件计算以下参数：有效等位基因数（N_e）；多态位点百分率（P）；期望杂合度（H_e）；观察杂合度（H_o）；多态性信息含量（PIC）；香农多样性指数（I）；用Nei的遗传一致度（genetic identity，GI）和遗传距离（genetic distance，GD）衡量各种群间的遗传分化情况。基于遗传相似系数，采用UPGMA法构建各种群及个体的聚类图进行亲缘关系分析。

第二节 绿豆基因组的提取及检测

根据上文所述的绿豆基因组提取方法，对10份绿豆参比材料的DNA进行提取。经QT-88A智能核酸蛋白检测仪测定OD_{260}/OD_{280}的比值和DNA的浓度。OD_{260}/OD_{280}的比值均为1.7~2.0，说明所提取的DNA样品纯度较高。对DNA母液进行1%琼脂糖凝胶电泳检测，DNA条带清晰明亮，无降解现象，DNA完整性好，均能满足PCR的要求。绿豆基因组DNA琼脂糖凝胶电泳检测结果如图9-1所示。

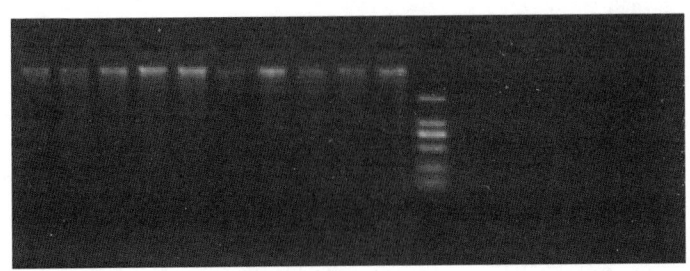

图9-1 10份绿豆基因组DNA琼脂糖凝胶电泳检测结果

第三节 绿豆SSR核心引物筛选

利用分别来自黑龙江省、吉林省及辽宁省的10份不同绿豆种质DNA对100对SSR引物进行多态性筛选（图9-2），选择目标区域内条带清晰、多态性丰富、重复性好的作为核心引物。最终选取15对多态性丰富、条带辨识度高的引物用于东北地区绿豆品种的SSR分析。

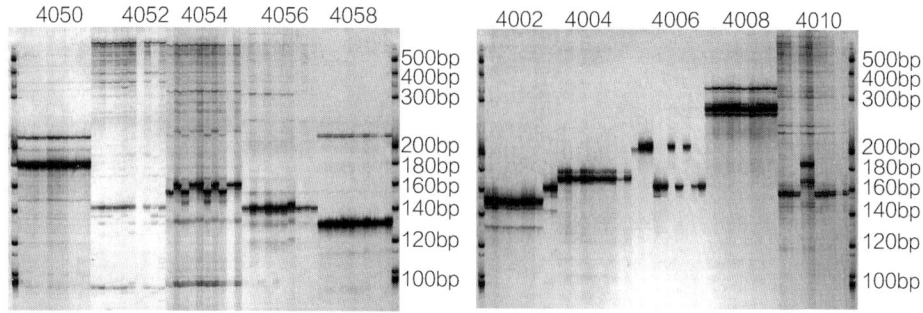

图9-2 引物筛选结果

100对引物对10个绿豆品种进行扩增,有效扩增引物82对,占总扩增引物的82.0%;在不同基因组绿豆间具有多态性的引物37对,占有效扩增引物的37%;根据10个绿豆品种扩增结果,从中选取扩增效果好、条带清晰、多态性好的15对引物对10个参试绿豆品种进行遗传多样性分析,见表9-3。

表9-3 15对SSR核心引物扩增结果

引物编号	N_a	N_e	PIC
GBssr-MB87	3	1.2497	0.2016
GBssr-MB91	1	1.0241	0.1148
P3-581	2	1.2560	0.2470
P3-627	2	1.5380	0.1964
P3-765	1	1.2637	0.0822
VR040	4	1.5032	0.5084
VR304	2	1.4147	0.2486
CEDG048	3	1.1426	0.2708
CEDG178	2	1.7243	0.3061

续表

引物编号	N_a	N_e	PIC
CEDG006	4	2.2019	0.4658
CEDG244	6	2.0142	0.4016
CEDG010	3	1.6355	0.2427
CEDG154	3	1.9316	0.3049
CEDG156	3	2.7061	0.2793
CEDG228	3	1.6224	0.3880
平均值	2.8	1.6152	0.2838

第四节 绿豆SSR核心引物分析

根据扩增结果，15对绿豆SSR引物共得到42个等位基因，平均每对引物2.8个等位基因，其中标记CEDG244检测到的等位基因最多，为6个；各引物的多态性信息含量（PIC）为0.0822~0.5084，平均值为0.283；有效等位基因数为1.0241~2.7061，平均值为1.651。依据15对SSR引物检测到的42个等位基因，利用NTSYSpc2.0统计分析软件按Nei's的方法计算，共获得遗传相似系数55个，变幅介于0.2677~0.8823，平均为0.6257。其中中粒绿豆（C0825）和鹦哥绿（C0786）之间遗传相系数最小，绿豆（C0689）和GCM8703-H-1（C4445）之间遗传相似系数最大。

表9-4 10个绿豆品种间的遗传相似系数

	HLJ4	HLJ18	HLJ32	JL2	JL16	JL53	JL72	LN8	LN17	LN48
HLJ4	1.0000	—								
HLJ18	0.5333	1.0000	—							

续表

	HLJ4	HLJ18	HLJ32	JL2	JL16	JL53	JL72	LN8	LN17	LN48
HLJ32	0.6000	0.6000	1.0000	—	—	—	—	—	—	—
JL2	0.6617	0.5147	0.4411	1.0000	—	—	—	—	—	—
JL16	0.6000	0.7333	0.7333	0.5514	1.0000	—	—	—	—	—
JL53	0.4000	0.4667	0.4667	0.8823	0.5333	1.0000	—	—	—	—
JL72	0.6000	0.4667	0.4667	0.7352	0.5333	0.6667	1.0000	—	—	—
LN8	0.3069	0.5115	0.4433	0.6769	0.5115	0.7843	0.5797	1.0000	—	—
LN17	0.2667	0.3333	0.3333	0.5882	0.3333	0.6667	0.4667	0.5797	1.0000	—
LN48	0.5333	0.5333	0.5333	0.7352	0.5333	0.6000	0.4000	0.5115	0.4667	1.0000

第五节 小结

引物多态性越高，反映实验材料间遗传差异越精确，因此筛选出一套具有高多态性的核心引物具有重要意义。从100对绿豆SSR引物中选取扩增效果好、条带清晰、多态性好的15对引物对10个参试绿豆品种进行遗传多样性分析。根据扩增结果，15对绿豆SSR引物共得到42个等位基因，平均每对引物2.8个等位基因，各引物的多态性信息含量为0.0822~0.5084，平均值为0.283；有效等位基因数为1.0241~2.7061，平均值为1.651。依据15对SSR引物检测到的42个等位基因，利用NTSYSpc2.0统计分析软件按Nei's的方法计算，共获得遗传相似系数55个，变幅介于0.2677~0.8823，平均为0.6257。筛选得到的15对SSR引物能有效区分10个绿豆品种，且筛选确定的核心引物均具有良好的多态性潜力。

绿豆作为我国重要的杂粮作物，在我国现代农业种植结构调整过程中发挥重要的作用。近年来，政府对绿豆产业重视力度逐渐加强，中国农业行业科技专项和现代农业产业技术体系均把绿豆列入其中，这些都为绿豆产业持续稳定发展提供了重要支撑。在国家食用豆产业体系的带动下，中国的绿豆产业较快发展，许多品种得到更新改良，种植面积和产量均有一定程度的提高。随着绿豆基因组测序工作的完成，大量已知序列信息有助于SSR、SNP等标记的开发，这将为高密度连锁图谱的构建和基因定位等研究工作提供大量可利用的标记，必将促进绿豆功能基因组学的发展。

第十章 绿豆种质资源的遗传多样性分析

第一节　实验材料与方法
第二节　SSR引物的多态性分析
第三节　不同核心引物在不同参试省份品种间多态性
第四节　绿豆品种遗传相似性分析
第五节　不同省份绿豆品种遗传相似性分析
第六节　不同省份绿豆品种聚类分析
第七节　绿豆品种聚类分析
第八节　小结

种质资源是农业生产、新品种选育、遗传研究及生理生化研究的重要物质基础。目前，全球收集和保存的绿豆种质资源共有3万余份，世界上最大的收集和保存机构为亚洲蔬菜研究与发展中心亚洲区域中心。作为绿豆的起源国家之一，中国绿豆产业的发展潜力巨大，政府的重视程度逐步增强。1978年起，中国绿豆种质资源的搜集、农艺性状鉴定和整理、保存被正式列入国家重点研究项目。种质资源的收集是育种及资源深入研究的基础。近几年来，为了绿豆产业持续稳定的发展，我国已经在研制绿豆新品种的保护条例，并将绿豆产业列入中国农业行业科技专项和现代农业产业技术体系中。目前已经收集到约6000份绿豆种质资源，选择了一批优良的种质资源，用于生产和育种项目，取得显著的社会效益和经济效益。国内外学者根据绿豆的形态、生理学特征、抗逆性及经济特性等方面，对绿豆品种资源进行分类和研究利用。随着分子标记技术的发展，研究者们开始从DNA分子水平上进行优异性状基因的发掘和多样性的研究。

本研究针对东北地区的绿豆资源，对其DNA水平上的遗传多样性分析，发掘出具有优异性状和基因的种质，进而对其遗传背景进行更深一步的了解，为中国的育种工作提供科学依据。

第一节　实验材料与方法

一、实验材料

供试材料包括我国黑龙江地区绿豆品种34份、吉林地区绿豆品种74份及辽宁地区绿豆品种48份，共计156份，均由中国农业科学院作物科学研究所提供，详情见表10-1。

表10-1 供试绿豆

序号	统编号	名称	代号	省份
1	C0368	黑龙江 2 号	HLJ1	黑龙江
2	C0369	黑龙江 3 号	HLJ2	黑龙江
3	C0370	黑龙江 4 号	HLJ3	黑龙江
4	C0825	中粒绿豆	HLJ4	黑龙江
5	C0826	大绿豆	HLJ5	黑龙江
6	C0827	大粒绿豆	HLJ6	黑龙江
7	C0828	大绿豆	HLJ7	黑龙江
8	C0829	大绿豆	HLJ8	黑龙江
9	C0830	大绿豆	HLJ9	黑龙江
10	C0831	中粒绿豆	HLJ10	黑龙江
11	C0832	绿豆	HLJ11	黑龙江
12	C0833	小绿豆	HLJ12	黑龙江
13	C0834	绿豆	HLJ13	黑龙江
14	C0835	绿豆	HLJ14	黑龙江
15	C0836	大绿豆	HLJ15	黑龙江
16	C0837	小绿豆	HLJ16	黑龙江
17	C0838	小粒绿豆	HLJ17	黑龙江
18	C0840	3129	HLJ18	黑龙江
19	C0841	3136	HLJ19	黑龙江
20	C0842	3137	HLJ20	黑龙江
21	C0843	小粒绿豆 3 号	HLJ21	黑龙江
22	C0844	小绿豆	HLJ22	黑龙江
23	C0845	大绿豆	HLJ23	黑龙江
24	C0846	绿豆	HLJ24	黑龙江
25	C0847	大绿豆	HLJ25	黑龙江

续表

序号	统编号	名称	代号	省份
26	C0848	62绿1	HLJ26	黑龙江
27	C0849	62绿3	HLJ27	黑龙江
28	C0850	62绿6	HLJ28	黑龙江
29	C0852	63绿8	HLJ29	黑龙江
30	C0854	63绿10	HLJ30	黑龙江
31	C0856	63绿17	HLJ31	黑龙江
32	C0857	63绿20	HLJ32	黑龙江
33	C0858	小绿豆	HLJ33	黑龙江
34	C0859	小绿豆	HLJ34	黑龙江
35	C0688	绿豆	JL1	吉林
36	C0689	绿豆	JL2	吉林
37	C0690	小绿豆	JL3	吉林
38	C0692	绿豆	JL4	吉林
39	C0693	吉豆	JL5	吉林
40	C0694	大绿豆	JL6	吉林
41	C0700	鹦哥豆	JL7	吉林
42	C0701	小明粒	JL8	吉林
43	C0702	小绿豆	JL9	吉林
44	C0703	大绿豆	JL10	吉林
45	C0704	大粒豆	JL11	吉林
46	C0705	小鹦哥豆	JL12	吉林
47	C0706	小鹦哥豆	JL13	吉林
48	C0707	小绿豆	JL14	吉林
49	C0708	小绿豆	JL15	吉林
50	C0709	大眼绿豆	JL16	吉林

续表

序号	统编号	名称	代号	省份
51	C0710	绿豆	JL17	吉林
52	C0711	鹦哥绿	JL18	吉林
53	C0712	绿小豆	JL19	吉林
54	C0713	青绿豆	JL20	吉林
55	C0714	青绿豆	JL21	吉林
56	C0715	绿豆	JL22	吉林
57	C0716	小绿豆	JL23	吉林
58	C0724	小绿豆	JL24	吉林
59	C0725	小绿豆	JL25	吉林
60	C0730	绿豆	JL26	吉林
61	C0731	小绿豆	JL27	吉林
62	C0732	鹦哥豆	JL28	吉林
63	C0733	鹦哥豆	JL29	吉林
64	C0734	小绿豆	JL30	吉林
65	C0740	小绿豆	JL31	吉林
66	C0742	小绿豆	JL32	吉林
67	C0743	大绿豆	JL33	吉林
68	C0744	小粒绿豆	JL34	吉林
69	C0745	小粒绿豆	JL35	吉林
70	C0747	绿小豆	JL36	吉林
71	C0748	绿豆	JL37	吉林
72	C0749	绿豆	JL38	吉林
73	C0750	绿小豆	JL39	吉林
74	C0751	绿小豆	JL40	吉林
75	C0752	绿小豆	JL41	吉林

续表

序号	统编号	名称	代号	省份
76	C0753	小绿豆	JL42	吉林
77	C0754	小绿豆	JL43	吉林
78	C0756	绿小豆	JL44	吉林
79	C0757	小绿豆	JL45	吉林
80	C0759	小绿豆	JL46	吉林
81	C0771	小绿豆	JL47	吉林
82	C0776	黄绿豆	JL48	吉林
83	C0778	黄绿豆	JL49	吉林
84	C0780	黄绿豆	JL50	吉林
85	C0781	黄绿豆	JL51	吉林
86	C0782	黄绿豆	JL52	吉林
87	C4445	GCM8703-H-1	JL53	吉林
88	C4447	GCM8703-H-3	JL54	吉林
89	C4448	GCM8703-H-3	JL55	吉林
90	C4449	GCM8703-H-3	JL56	吉林
91	C4450	GCM8703-H-6	JL57	吉林
92	C4451	GCM8703-H-6	JL58	吉林
93	C4452	GCM8703-H-7	JL59	吉林
94	C4453	GCM8703-H-7	JL60	吉林
95	C4454	GCM8703-H-8	JL61	吉林
96	C4455	GCM8703-H-8	JL62	吉林
97	C4456	GCM8703-H-8	JL63	吉林
98	C4457	GCM8703-H-9	JL64	吉林
99	C4458	GCM8708-2-1	JL65	吉林
100	C4459	GCM8806-7-2	JL66	吉林

续表

序号	统编号	名称	代号	省份
101	C0720	小绿豆	JL67	吉林
102	C0721	小绿豆	JL68	吉林
103	C0723	小绿豆	JL69	吉林
104	C0722	小绿豆	JL70	吉林
105	C0726	小绿豆	JL71	吉林
106	C0727	小绿豆	JL72	吉林
107	C0728	小绿豆	JL73	吉林
108	C0729	小绿豆	JL74	吉林
109	C0661	鹦哥绿	LN1	辽宁
110	C0663	小绿豆	LN2	辽宁
111	C0664	明绿与暗绿	LN3	辽宁
112	C0665	绿豆	LN4	辽宁
113	C0667	小绿豆	LN5	辽宁
114	C0668	大绿豆	LN6	辽宁
115	C0669	小绿豆	LN7	辽宁
116	C0670	小绿豆	LN8	辽宁
117	C0671	绿豆	LN9	辽宁
118	C0672	绿豆	LN10	辽宁
119	C0673	绿豆	LN11	辽宁
120	C0674	鹦哥绿	LN12	辽宁
121	C0676	绿豆	LN13	辽宁
122	C0677	小绿豆	LN14	辽宁
123	C0784	撄哥豆	LN15	辽宁
124	C0785	绿豆	LN16	辽宁
125	C0786	鹦哥绿	LN17	辽宁

续表

序号	统编号	名称	代号	省份
126	C0787	明绿豆	LN18	辽宁
127	C0788	明绿豆	LN19	辽宁
128	C0789	小绿豆	LN20	辽宁
129	C3806	绿豆	LN21	辽宁
130	C3807	绿豆	LN22	辽宁
131	C3808	绿豆	LN23	辽宁
132	C3809	小绿豆	LN24	辽宁
133	C3810	绿豆	LN25	辽宁
134	C3811	绿豆	LN26	辽宁
135	C3812	绿豆	LN27	辽宁
136	C3813	绿豆	LN28	辽宁
137	C3814	绿豆	LN29	辽宁
138	C3815	绿豆	LN30	辽宁
139	C3816	绿豆	LN31	辽宁
140	C3817	绿豆	LN32	辽宁
141	C3818	乌绿豆	LN33	辽宁
142	C3819	绿豆	LN34	辽宁
143	C3823	绿豆	LN35	辽宁
144	C3824	绿豆	LN36	辽宁
145	C3825	绿豆	LN37	辽宁
146	C3826	绿豆	LN38	辽宁
147	C3827	绿豆	LN39	辽宁
148	C3828	绿豆	LN40	辽宁
149	C3829	绿豆	LN41	辽宁
150	C3832	绿豆	LN42	辽宁

续表

序号	统编号	名称	代号	省份
151	C3833	绿豆	LN43	辽宁
152	C3835	绿豆	LN44	辽宁
153	C3837	绿豆	LN45	辽宁
154	C3838	小绿豆	LN46	辽宁
155	C3839	绿豆	LN47	辽宁
156	C3840	毛绿豆	LN48	辽宁

筛选得到的15对绿豆SSR核心引物，荧光标记引物由美国ABI公司合成，在正向引物上加注的荧光染料分别是5′ HEX（绿色）、5′ FAM（蓝色）和5′ TMRA（黄色），见表10-2。

表10-2　15对SSR核心引物信息

序号	引物编号	5′标记荧光	序号	引物编号	5′标记荧光
1	GBssr-MB87	5′ FAM	9	CEDG178	5′ FAM
2	GBssr-MB91	5′ HEX	10	CEDG006	5′ HEX
3	P3-581	P3-581	11	CEDG244	5′ FAM
4	P3-627	P3-627	12	CEDG010	5′ TMRA
5	P3-765	5′ HEX	13	CEDG154	5′ HEX
6	VR040	5′ FAM	14	CEDG156	5′ FAM
7	VR304	5′ TMRA	15	CEDG228	5′ FAM
8	CEDG048	5′ TMRA			

二、实验方法

（一）基因组DNA的提取、纯化和检测

采用CTAB法提取并纯化DNA。用Bio Photometer Plus核酸蛋白定量检测仪检测

总DNA的质量和浓度，以OD_{260}/OD_{280}值1.8为参照，将OD_{260}/OD_{280}小于1.8或大于2.0的样本重新提纯。稀释至100ng/μL，-20℃备用。本实验对CTAB法进行了优化，具体方法如下：

（1）实验前在2mL离心管加入600μL 65℃预热DNA抽提缓冲液，12μL β-巯基乙醇。

（2）取0.5g叶片于研钵中加入液氮快速研磨成粉末，转入上述离心管中，充分振荡混匀，然后放入65℃水浴锅中水浴30～45min，水浴过程中每5min轻微翻转下离心管。

（3）冷却至室温后加入等体积的氯仿-异戊醇混合液（体积比24∶1），温和翻转30～50次至充分混合均匀，12000r/min离心20min。将上清液移于新的离心管中，再重新抽提1次。

（4）抽提后，取上清液于新的离心管中，加入0.5倍体积的5mol/L NaCl，之后加入0.6倍体积预冷的异丙醇，于-20℃放置1h以上。

（5）10000r/min离心10min，弃上清液后用乙醇清洗，重复操作一次。加入含30 μg/mL RNA酶的TE溶液100μL，37℃保温10min。

（6）纯度以Bio Photometer Plus核酸蛋白定量检测仪OD_{260}/OD_{280}的比值进行评估，1.8～2.0为宜。

（7）稀释成50ng/μL工作液，4℃短期保存或者-20℃保存备用。

（二）SSR引物筛选及多态性检测

利用分别来自黑龙江省、吉林省及辽宁省的10份不同绿豆种质DNA对100对SSR引物进行多态性筛选，选择目标区域内条带清晰、多态性丰富、重复性好的作为核心引物用。最终选取15对多态性丰富、条带辨识度高的引物用于绿豆品种的SSR分析。具体方法如下。

1. SSR引物

根据文献SSR引物信息，共选出100对引物并合成。其中普通引物为生工生物工程（上海）股份有限公司产品（HPLC级），荧光引物为美亿美公司产品（HPLC级）。SSR引物的5′端用6-FAM进行荧光标记。

2. PCR扩增

基于非变性聚丙烯酰胺结合银染技术的PCR扩增反应体系见表10-3。

表10-3 SSR标记20μL体积扩增反应体系

试剂	终浓度	体积/μL
10×PCR缓冲液	—	2
上游引物	0.1 μmol/L	0.2
下游引物	0.1 μmol/L	0.2
dNTP	10mmol/L	0.5
Taq聚合酶（5U/μL）	5U/μL	0.2
Mg^{2+}（25mmol/L）	—	1.2
模板DNA	50ng/μL	1
无菌水	—	14.7
总体积	—	20

PCR扩增程序：94℃预变性2min；94℃变性15s，依据各引物退火温度复性15s，72℃延伸30s，共35个循环；最终72℃延伸10min。

3. 扩增产物检测

采用聚丙烯酰胺凝胶电泳技术检测。

（1）清洗玻璃板与梳子　先用自来水把玻璃板与梳子擦洗干净，再用乙醇擦洗一遍，晾干；

（2）灌胶　用8%的非变性聚丙烯酰胺灌胶，防止出现气泡，轻轻插入梳子，使其聚合2h左右；

（3）电泳　清除气泡及残胶，插入样品梳子，接通电源，90W恒功率电泳，预电泳10min。每一个加样孔点入1.5μL样品。电泳至二甲苯青带，约1h，结束后小心分开两块玻璃板。

电泳结束后对凝胶结果采用快速银染法检测。

（1）固定　50%无水乙醇+2%冰乙酸，轻轻晃动3min；

（2）漂洗　蒸馏水快速漂洗1次，不超过15s；

（3）染色　0.2%$AgNO_3$溶液中染色5min；

（4）漂洗　蒸馏水快速漂洗2次，每次时间不超过15s；

（5）显影　1.6%NaOH+0.4%甲醛显影，轻轻晃动至条带出现（胶背景颜色为蛋黄色）。

（三）数据记录和统计分析

假定非变性聚丙烯酰胺凝胶上相同迁移率的条带均来自同一位点上的同一等位基因，电泳图谱的每条带均为一个等位基因，代表一个SSR引物的结合位点。统计清晰稳定、有差异的条带，有带记为1，无带记为0。用Popgene软件计算各SSR引物的等位基因数、多态性信息含量、香农多样性指数。用NT-SYS计算品种间的相似系数，按UPGMA法进行聚类分析，绘制品种间的亲缘关系聚类树状图。

第二节　SSR引物的多态性分析

15对SSR引物在156份绿豆种质中共检测到71个等位基因，每对引物检测到的等位基因数为2~9个，平均为4.7个。其中标记CEDG0006和CEDG244检测到的等位基因最多，为9个，而P3-581和VR304仅检测到2个等位基因，多态性较差。15对SSR引物共检测到有31.6262个有效等位基因，占41.54%，多态位点的有效等位基因数从1.0739（P3-765）~4.6438（CEDG244），平均为2.1084。基因频率≤5%为稀有等位基因。本研究中有12对引物检测到了稀有等位基因，占全部引物的80%，共检测到33个稀有等位基因，占全部等位基因的46.5%。Nei's基因多样性指数从0.0688（P3-765）~0.7847（CEDG244），平均值为0.462。多态性信息含量（PIC）变幅介于0.0672（P3-765）~0.7535（CEDG244），平均值为0.4014。其中标记CEDG006（0.6590）和CEDG244（0.7535）在东北绿豆品种的检测中多态性较丰富，PIC均大于0.5，为高度多态性位点，而标记GBssr-MB91（0.1337）、P3-627（0.2421）和P3-756（0.0672）的PIC较低，均小于0.25，属于低度多态性位点，检测绿豆多样性的能力较弱。其余10个标记均为中度多态性位点（0.25<PIC<0.5）。详情见表10-4。

表10-4　基于15个SSR分子标记的156个绿豆品种多态性信息

引物名称	观测等位基因数目 (N_a)	有效等位基因数 (N_e)	观察杂合度 (H_o)	期望杂合度 (H_e)	Nei's基因多样性	多态性信息含量 (PIC)
GBssr-MB87	3	2.0469	0.9346	0.5131	0.5114	0.4124
GBssr-MB91	3	1.1621	0.9677	0.1400	0.1395	0.1337
P3-581	2	1.9860	0.9613	0.4981	0.4965	0.3732
P3-627	3	1.3830	0.9548	0.2778	0.2769	0.2421
P3-765	3	1.0739	0.9806	0.0690	0.0688	0.0672
VR040	4	2.0561	0.9419	0.5153	0.5136	0.4766
VR304	2	1.9564	0.9286	0.4904	0.4888	0.3694
CEDG048	7	1.7178	0.9735	0.4192	0.4179	0.3928
CEDG178	4	2.0506	0.9359	0.5140	0.5123	0.3937
CEDG006	9	3.2642	0.9551	0.6959	0.6936	0.6590
CEDG244	9	4.6438	0.9416	0.7872	0.7847	0.7535
CEDG010	5	1.5868	0.9934	0.3710	0.3698	0.3339
CEDG154	4	2.1838	0.9290	0.5438	0.5421	0.4377
CEDG156	7	2.3141	0.9677	0.5697	0.5679	0.4964
CEDG228	6	2.2007	0.9419	0.5474	0.5456	0.4790
平均值	4.7333	2.1084	0.9539	0.4635	0.4620	0.4014

第三节　不同核心引物在不同参试省份品种间多态性

表10-5列出了15对引物在不同省份参试品种间的多态性情况。各引物在不同省份群体中表现出的多态性水平各不相同。如引物CEDG228在黑龙江省参试品种

和吉林省参试品种间均检测到5个等位基因，PIC分别为0.5223和0.5041，为高度多态性位点，表现出较好的多态性，而在辽宁省参试品种中仅检测到3个等位基因，PIC为0.3415；引物CEDG010在辽宁省参试群体中检测到的等位基因数目（5）和PIC（0.4191）较高，优于其在黑龙江省（3，0.2688）和吉林省（3，0.2994）参试群体中的多态性水平。纵向比较发现，引物CEDG006在黑龙江省参试品种中的多态性水平较高，检测到7个等位基因，PIC达0.7776；而引物CEDG244在吉林省和辽宁省参试群体中的多态性水平较高，检测到的等位基因数（9，7）和PIC（0.7254，0.7726）均高于其他引物。

表10-5　15对引物在不同省份参试品种间的多态性信息

引物名称	黑龙江		吉林		辽宁	
	等位基因数目	多态性信息含量（PIC）	等位基因数目	多态性信息含量（PIC）	等位基因数目	多态性信息含量（PIC）
GBssr-MB87	2	0.3741	3	0.4408	3	0.3808
GBssr-MB91	3	0.1093	3	0.0768	3	0.2223
P3-581	2	0.3135	2	0.3659	2	0.3482
P3-627	2	0.1676	2	0.2435	3	0.2839
P3-765	2	0.0808	2	0.0267	3	0.1151
VR040	4	0.4457	4	0.4457	4	0.5041
VR304	2	0.3569	2	0.3682	2	0.3256
CEDG048	3	0.3872	6	0.3368	6	0.3919
CEDG178	3	0.4143	2	0.3713	3	0.3975
CEDG006	7	0.7776	6	0.6483	6	0.5131
CEDG244	6	0.6766	9	0.7254	7	0.7726
CEDG010	3	0.2688	3	0.2994	5	0.4191
CEDG154	3	0.3813	4	0.4561	3	0.4012

续表

引物名称	黑龙江		吉林		辽宁	
	等位基因数目	多态性信息含量（PIC）	等位基因数目	多态性信息含量（PIC）	等位基因数目	多态性信息含量（PIC）
CEDG156	2	0.3524	5	0.4884	6	0.5552
CEDG228	5	0.5223	5	0.5041	3	0.3415

第四节　绿豆品种遗传相似性分析

依据15对SSR引物在东北地区156份绿豆种质资源中检测到的71个等位基因（表10-6），利用NTSYSpc2.0统计分析软件按Nei's的方法计算实验材料间的遗传相似系数，共获得遗传相似系数12052个，变幅介于0.1155~1.0000，平均为0.54。以0.05为组距对12052个遗传相似系数进行次数分布分析（图10-1）发现，156份参试绿豆品种的遗传相似系数不呈正态分布，存在两个高峰段。遗传相似系数在0.50以下的有3172个，占全部数据的26.31%；遗传相似系数为0.50~0.80的有8077个，占全部数据的67.02%；遗传相似系数在0.8以上的有804个，占全部数据的6.67%。同时，遗传相似系数分布在两个高峰段的数据数量也存在差异。第一个高峰段集中在0.45~0.55，包含4987个遗传相似系数，占全部数据的41.38%；第二个高峰段集中在0.65~0.75，包含3583个遗传相似系数，占全部数据的29.73%。

表10-6　156份绿豆品种SSR数据

代号	GBssr-MB87	GBssr-MB91	P3-581	P3-627	P3-765	VR040	VR304	CEDG048
HLJ1	264	156	168	164	187	162	174	199

续表

代号	GBssr-MB87	GBssr-MB91	P3-581	P3-627	P3-765	VR040	VR304	CEDG048
HLJ2	264	156	168	155/164	187/190	162/165	178	199
HLJ3	276	156	165	164	187	162	178	199
HLJ4	264	156	165	164	187	156	178	199
HLJ5	264	156	165	164	187	162	174	199
HLJ6	264	156	168	164	187	162	174	199
HLJ7	264	156	168	164	187	162	174	199
HLJ8	276	156	165	164	187	162	178	199
HLJ9	276	156	165	164	187	162	174	199
HLJ10	276	156	168	164	187	153	174	199
HLJ11	276	156	165	164	187	162	178	201
HLJ12	276	156	165	164	187	162	178	201
HLJ13	264	156	165	164	187	156	178	199
HLJ14	276	156	165	164	187	162	178	201
HLJ15	264	156	168	164	187	162	174	199
HLJ16	264	156	168	164	187	162	178	199
HLJ17	276	156	165	164	187	162	178	201
HLJ18	276	156	165	164	187	162	178	201
HLJ19	264	156	168	164	190	165	174	201
HLJ20	264	156	165	164	187	156	178	199
HLJ21	276	158	165	164	187	156	174	199
HLJ22	276	156	165	164	187	156	174	199
HLJ23	264	156	165	164	187	156	178	199
HLJ24	264	156	165	164	187	156	178	199
HLJ25	276	156	165	164	187	162	178	203

续表

代号	GBssr-MB87	GBssr-MB91	P3-581	P3-627	P3-765	VR040	VR304	CEDG048
HLJ26	264	156	165	164	187	156	178	201
HLJ27	276	156	165	164	187	162	178	201
HLJ28	276	156	165	164	187	162	178	201
HLJ29	264	156	168	164	187	162	174	199
HLJ30	276	152	165	155	187	162	178	201
HLJ31	276	156	165	164	187	162	178	199
HLJ32	276	156	165	155	187	165	178	199
HLJ33	264	156	165	155	187	162	174	201
HLJ34	276	156	165	164	187	162	174/178	199
JL1	264	156	168	164	187	162	174	199
JL2	264	156	168	164	187	162	174/178	199
JL3	264	156	168	164	187	162	174	199
JL4	264	156	168	164	187	165	178	199
JL5	276	156	168	164	187	162	174	—
JL6	264/276	156	168	164	187	162/165	174	199
JL7	264	156	168	164	187	162	174	197
JL8	276	156	168	164	187	162	174	199
JL9	264	156	168	164	187	162	174	199
JL10	276	156	165	164	187	162	178	199
JL11	264	156	168	164	187	162	174	199
JL12	276	156	165	164	187	162	178	199
JL13	264/276	156	168	—	—	162	174	—
JL14	276	156	168	164	187	162	178	—
JL15	276	156	168	155	187	162	174	199

续表

代号	GBssr-MB87	GBssr-MB91	P3-581	P3-627	P3-765	VR040	VR304	CEDG048
JL16	276	156	165	164	187	162	178	199
JL17	276	156	168	164	187	153	174	201
JL18	276	156	168	164	187	153	174	201
JL19	264	156	168	164	187	156	174	199
JL20	276	158	168	164	187	162	174	199
JL21	276	156	165	164	187	162	178	199
JL22	276	156	165	164	187	162	178	199
JL23	264	156	168	164	187	162	174	199
JL24	—	156	165/168	155/164	187	153/162	174/178	197
JL25	276	156	165	164	187	165	174	201
JL26	264	156	168	164	187	162	178	199
JL27	276	156	165/168	155	187	162	174	203
JL28	276	156	165	164	187	162	—	199
JL29	276	156	168	164	187	153	174	201
JL30	276	152/156	165	155/164	187	162	174/178	199
JL31	276	156	168	164	187	162	178	199
JL32	264	156	165	164	187	156	178	199
JL33	264	156	168	164	187	165	178	197
JL34	264/276	156	165/168	164	187	156	174/178	199
JL35	264	156	168	164	187	162	174	199
JL36	276	152/156	165	164	187	162	174/178	195/199
JL37	264	156	165	164	187	156	178	201
JL38	264	156	165	164	187	156	178	201
JL39	264	156	165	164	187	156	178	199

续表

代号	GBssr-MB87	GBssr-MB91	P3-581	P3-627	P3-765	VR040	VR304	CEDG048
JL40	264	156	165	164	187	156	178	199
JL41	276	156	165	164	187	162	178	199
JL42	276	156	165	164	187	162	174/178	199
JL43	264	156	168	164	187	165	178	199
JL44	264	152/156	168	155/164	187	162	174	199
JL45	264	156	168	164	187	162	174	199
JL46	264	156	165	164	187	156	178	199
JL47	264/276	156	165/168	164	187	156/162	178	199
JL48	264	156	165	164	187	165	178	199
JL49	276	156	165	155	187	165	178	197
JL50	276	156	165	155	187	165	178	199
JL51	276	156	165	155	187	165	178	199
JL52	276	156	165	155	187	165	178	199
JL53	276	156	168	164	187	162	174	199
JL54	276	156	168	164	187	162	174	199
JL55	276	156	165	155	187	162	174	199
JL56	276	156	165	155	187	162	174	199
JL57	264	156	168	164	187	162	174	199
JL58	276	156	168	164	190	162	174	191
JL59	276	156	168	164	187	162	174	191
JL60	276	156	168	164	187	162	174	199
JL61	264	156	168	164	187	162	174	199
JL62	276	156	168	164	187	162	174	199
JL63	276	156	168	164	187	162	178	199

续表

代号	GBssr-MB87	GBssr-MB91	P3-581	P3-627	P3-765	VR040	VR304	CEDG048
JL64	276	156	168	164	187	162	174	199
JL65	276	156	168	164	187	162	174/178	199
JL66	276	156	165	155	187	162	174	199
JL67	266	156	168	164	187	162	174	199
JL68	266/276	152/156	168	164	187	162	174	199
JL69	276	156	168	155	187	162	174	199
JL70	266	156	168	155	187	162	174	199
JL71	276	156	165	164	187	162	178	199
JL72	266	156	165	164	187	162	174	199
JL73	276	156	165	164	187	156	178	199
JL74	266	156	168	164	187	162	174	197
LN1	264/276	156	168	155/164	187	153/162	174	199
LN2	276	156	168	155	187	153	174	199
LN3	276	156	168	164	187	162	174	197
LN4	276	156	168	155	187	153/162	174	199
LN5	264/276	156	168	164	187	153/162	174/178	199
LN6	264	156	168	164	187	165	178	199
LN7	264/276	156	168	155	187/190	162/165	174	199/211
LN8	276	156	168	164	187	162	174	199
LN9	276	156	165/168	155/164	187	153/162	174/178	195
LN10	264	156	168	155	187	165	178	199
LN11	276	152	168	164	187	165	174	199
LN12	276	156	165	155	187	162	174	199
LN13	276	152	165	164	187	162	174	201

续表

代号	GBssr-MB87	GBssr-MB91	P3-581	P3-627	P3-765	VR040	VR304	CEDG048
LN14	—	156	168	164	187	162	174	197
LN15	264	156	168	164	187	162	174	199
LN16	276	152	168	164	187	162	174	199
LN17	276	156	168	164	187	153	174	197
LN18	276	156	168	164	187	162	174	199
LN19	276	156	165	164	187	156	174	199
LN20	276	156	165	164	187	162	178	199
LN21	276	156	168	164	187	162	178	199
LN22	264	156	168	164	187	162	174	199
LN23	264	156	165	164	187	162	174	199
LN24	276	156	165/168	155/164	187	162	174	199
LN25	276	156	165	164	187	162	178	203
LN26	264	156	168	164	187	162	174	199/203
LN27	276	152/156	165	164	187	162	178	199
LN28	264	156	168	164	190	165	174	199
LN29	264	156	165	164	187	165	174	197
LN30	276	152	165	155	187	162	174	199
LN31	276	156	165	155	187	165	178	199
LN32	276	156	168	164	187	162	178	199
LN33	276	156	165	164	187	162	174	199
LN34	264	156	168	164	187	162	174	199
LN35	276	156	168	164	187	162	174	201
LN36	264	156	168	164	187	162	174	199
LN37	276	156	165	164	187/190	165	174/178	199/203

续表

代号	GBssr-MB87	GBssr-MB91	P3-581	P3-627	P3-765	VR040	VR304	CEDG048
LN38	276	156	168	164	187	165	178	199
LN39	264	156	165	164	187	156	178	199
LN40	276	156	168	164	187	153	174	197
LN41	266	156	168	164	187	162	174	—
LN42	264	158	168	164	187	162	174	199
LN43	264/276	156	168	164	187	162	174	199
LN44	276	152	165	164	187	162	174	197
LN45	276	156	168	164	187	162	174	199
LN46	264	156	165	164	187	156	178	199
LN47	—	—	—	161	184	—	—	—
LN48	264	156	168	164	187	165	178	199

代号	CEDG178	CEDG006	CEDG244	CEDG010	CEDG154	CEDG156	CEDG228
HLJ1	141	113	144	187	215	190	209
HLJ2	141	113/121	135	187	215	194	163/207
HLJ3	141	113	133	187	223	194	211
HLJ4	145	125	133	187	215	190	209
HLJ5	141	113	133	187	221	190	163
HLJ6	145	113	133	187	221	190	163
HLJ7	145	113	144	187	221	190	163
HLJ8	141	115	133	187	215	194	209
HLJ9	145	113	144	185	215/211	194	163
HLJ10	145	115	144	185	221	194	163
HLJ11	145	121	142	187	215	194	209

续表

代号	CEDG 178	CEDG 006	CEDG 244	CEDG 010	CEDG 154	CEDG 156	CEDG 228
HLJ12	145	123	142	187	215	194	209
HLJ13	145	125	133	187	215	190	209
HLJ14	145	123	142	187	215	194	209
HLJ15	145	113	144	187	221	190	163
HLJ16	141	113	144	187	215	190	209
HLJ17	141	129	139	187	215	194	209
HLJ18	141	129	139	187	215	194	209
HLJ19	141	121	137	183	221	194	205
HLJ20	145	125	133	187	215	190	209
HLJ21	141	121	142	187	221	194	163
HLJ22	141	121	142	187	221	194	163
HLJ23	141	127	133	187	215	190	163
HLJ24	145	125	133	187	215	190	209
HLJ25	141	121	133	185	215	194	163
HLJ26	139	125	133	187	215	190	209
HLJ27	145	123	142	187	215	194	209
HLJ28	145	123	142	187	215	194	209
HLJ29	145	113	139	187	221	194	163
HLJ30	141	125	133	185	215	194	209
HLJ31	141	115	133	187	215	194	163
HLJ32	141	125	133	187	215	194	163
HLJ33	141	115	139	185	215	194	211
HLJ34	141	113	133	187	221	194	163/211
JL1	145	113	131	187	221	190	163

续表

代号	CEDG 178	CEDG 006	CEDG 244	CEDG 010	CEDG 154	CEDG 156	CEDG 228
JL2	141/145	113	144	187	215/211	190	163/209
JL3	141	113	144	187	221	190	163
JL4	141	121	142	185	213	204	209
JL5	145	125	144	—	215	190	207
JL6	141/145	115/125	133/142	187	215/211	190/194	161
JL7	145	113	144	187	221	190	161
JL8	145	113	144	187	221	190	161
JL9	145	113	144	187	221	190	161
JL10	141	115	133	187	215	194	209
JL11	145	113	144	187	221	190	163
JL12	141	115	133	187	215	194	209
JL13	141	113	—	—	221	190	163
JL14	141	115	133	—	215	194	—
JL15	145	113	133	—	223	192	161
JL16	141	115	133	187	215	194	211
JL17	145	113	144	185	221	194	161
JL18	145	113	144	185	221	194	161
JL19	141	121	142	185	213	194	209
JL20	145	113	148	189	221	194	163
JL21	141	115	133	187	215	194	209
JL22	141	115	133	187	215	194	209
JL23	141	113	144	187	221	190	163
JL24	141/145	113/121	135/142	187	215/211	188/194	163/209
JL25	145	125	133	187	221	194	209

续表

代号	CEDG 178	CEDG 006	CEDG 244	CEDG 010	CEDG 154	CEDG 156	CEDG 228
JL26	141	113	144	187	215	190	209
JL27	145	115	133/144	187	221	192	163
JL28	141	115	133	187	215	194	209
JL29	145	113	144	185	221	194	163
JL30	145	113	131	187	221	190/194	163
JL31	145	123	142	185	221	194	163
JL32	141	121	142	185	221	194	163
JL33	141	121	146	187	213	190	209
JL34	145	113/125	133/144	187	215	190	163/209
JL35	141	113	144	187	221	190	163
JL36	141/145	115	135	187	215	194	163/209
JL37	145	125	142	189	215	194	163
JL38	145	125	142	189	215	194	163
JL39	141	115	139	187	215	194	163
JL40	141	115	139	187	215	194	163
JL41	141	113	133	187	215	194	209
JL42	145	121	142	187	221	194	163
JL43	141	121	142	185	213	204	209
JL44	141/145	125	133/144	187	215/211	190	163
JL45	145	113	137	187	221	194	163
JL46	141	115	139	187	215	192	163
JL47	141	121	137	185	221	194	163/209
JL48	145	119	142	185	221	194	163
JL49	141	125	133	187	215	194	163

续表

代号	CEDG 178	CEDG 006	CEDG 244	CEDG 010	CEDG 154	CEDG 156	CEDG 228
JL50	141	125	133	187	215	194	163
JL51	141	125	133	187	215	194	163
JL52	141	125	133	187	215	194	163
JL53	141	113	144	187	221	190	163
JL54	141	113	144	187	221	190	163
JL55	145	125	135	187	221	194	209
JL56	145	125	133	187	221	194	209
JL57	141	113	144	187	221	190	163
JL58	141	113	144	187	221	190	163
JL59	141	113	144	187	221	190	163
JL60	141	113	144	187	221	190	163
JL61	141	113	144	187	221	190	163
JL62	141	113	144	187	221	190	163
JL63	141	113	144	187	215	194	209
JL64	141	113	144	187	221	190	163
JL65	141	115	133	187	215	190	163
JL66	145	125	133	187	221	194	209
JL67	145	113	137	187	221	194	163
JL68	141/145	113	137	187	221	190/194	163
JL69	145	113	133	187	221	188	163
JL70	145	125	133	187	215	190	209
JL71	141	123	133	187	221	190	163
JL72	145	113	146	187	215	190	163
JL73	141	115	133	185	215	194	211

续表

代号	CEDG 178	CEDG 006	CEDG 244	CEDG 010	CEDG 154	CEDG 156	CEDG 228
JL74	145	113	137	187	221	194	163
LN1	141/145	113	139/144	185	215	194	163
LN2	141	113	144	185	215	194	161
LN3	141	115	139	187	221	196	163
LN4	145	113	144	185	215/211	194	163
LN5	145	113/121	142	185	215	194	163/209
LN6	145	113	142	183	221	204	209
LN7	145	121	139/148	185	215/211	192	163/209
LN8	141	113	139	185	215/211	192	163
LN9	145	113	144	187	215/211	194	163
LN10	141	113	142	183	221	204	209
LN11	141	113	142	187	215	194	209
LN12	145	115	139	187	221	196	163
LN13	145	121	142	187	215	192	163
LN14	145	121	139	187	215	192	163
LN15	145	113	137	187	221	194	163
LN16	145	115	137	187	221	194	163
LN17	145	113	144	181	221	194	163
LN18	145	113	146	189	221	194	163
LN19	141	113	144	187	215	190	209
LN20	141	115	133	187	215	194	209
LN21	145	113	144	187	221	194	163
LN22	145	113	137	187	221	194	163
LN23	145	113	144	187	215	190	163

续表

代号	CEDG 178	CEDG 006	CEDG 244	CEDG 010	CEDG 154	CEDG 156	CEDG 228
LN24	145	113/123	133/144	187	215	194	163
LN25	141	121	133	185	215	194	163
LN26	141/145	113	144	187	215	190	163
LN27	141	125	133	187	221	190	163
LN28	141	113	146	185	215	204	209
LN29	141	113	144	187	221	190	163
LN30	141	113	142	187	221	194	163
LN31	141	125	133	187	215	194	163
LN32	141	113	144	187	221	192	163
LN33	145	113	142	185	221	194	163
LN34	141	113	144	187	221	190	163
LN35	141	113	144	187	221	190	163
LN36	145	113	137	187	221	194	163
LN37	145	115/121	142	187	215	194	163
LN38	145	121	139	187	221	194	163
LN39	145	125	133	187	215	190	209
LN40	141	113	144	187	215	194	163
LN41	145	113	137	187	221	194	163
LN42	145	113	137	187	223	194	163
LN43	145	113	137	187	221	194	163
LN44	145	121	142	187	215	194	163
LN45	141/145	113	133/142	185/189	221	194	163
LN46	145	125	133	187	215	190	209
LN47	143	107	—	—	—	—	161
LN48	141	113	137	187	221	194	209

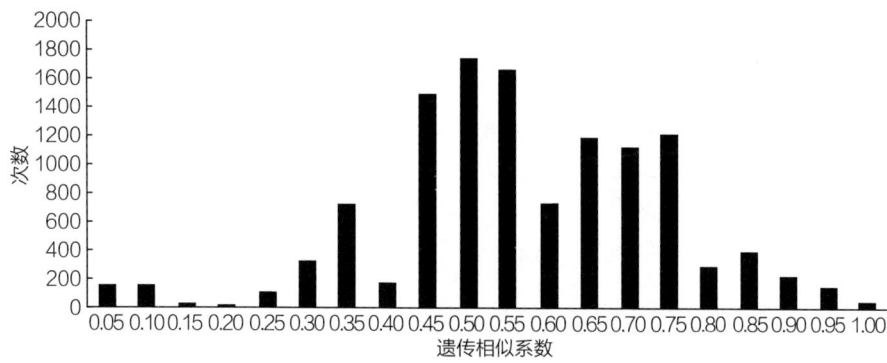

图10-1 遗传相似系数的次数分布

第五节 不同省份绿豆品种遗传相似性分析

在3个参试群体整体水平上，有效等位基因为2.06个，期望杂合度为0.45，观测杂合度为0.95，多态位点百分率100%，香农多样性指数为0.79（表10-7）。以每个参试地区为单位进行分析，三个地理来源组群的平均有效等位基因数变幅介于2.0368~2.0827，期望杂合度变幅介于0.4452~0.4582，香农多样性指数变幅介于0.7591~0.8230。其中黑龙江省绿豆品种的各项遗传参数均较高，表明该地区的绿豆资源遗传多样性水平最高，种质资源最丰富，而吉林省与辽宁省绿豆种质资源遗传多样性水平相对较低。这与刘岩等利用40对SSR引物分析中国18个不同地理来源（272份种质）绿豆品种的遗传多样性时得到辽宁省和吉林省绿豆种质变异水平较低的结果基本一致。同时，虽然黑龙江省绿豆种质资源最少，但遗传多样性却是3个参试省份中最高的，可见材料份数多，遗传多样性并不一定最大。

表10-7 基于15个SSR分子标记的3个绿豆群体遗传多样性参数

来源	平均变异数	有效等位基因数	期望杂合度	观察杂合度	Nei's基因多样性	香农多样性指数	多态位点	多态位点百分率/%
黑龙江	3.2667	2.0827	0.4582	0.9843	0.4386	0.8230	15	100.00

续表

来源	平均变异数	有效等位基因数	期望杂合度	观察杂合度	Nei's基因多样性	香农多样性指数	多态位点	多态位点百分率/%
吉林	3.8667	2.0474	0.4487	0.9501	0.4456	0.7591	15	100.00
辽宁	3.9333	2.0368	0.4452	0.9377	0.4533	0.7971	15	100.00
平均值	3.6889	2.05563	0.4507	0.95736	0.4458	0.7930	15	100.00

第六节　不同省份绿豆品种聚类分析

遗传距离和遗传一致度是用来衡量群体间亲缘关系的重要参数，遗传一致度越大，表明群体间亲缘关系越近，反之则越远。参试资源群体遗传距离与遗传相似系数见表10-8。3个不同地理资源群体遗传相似系数变幅范围为0.9179~0.9821，辽宁与黑龙江地区绿豆品种的遗传相似系数最小（0.9179），遗传关系相对较远；而吉林与辽宁地区的遗传相似系数（0.9821）最大，亲缘关系相对较近。

表10-8　群体间遗传距离与遗传相似系数

	黑龙江	吉林	辽宁
黑龙江	—	0.9559	0.9179
吉林	0.0451	—	0.9821
辽宁	0.0856	0.0181	—

注：右上角数据为遗传相似系数，左下角数据为遗传距离。

第七节　绿豆品种聚类分析

通过UPGMA法利用遗传相似系数对156份东北地区绿豆种质资源材料进行聚类分析发现，在遗传相似系数为0.4782的阈值处可将参试个体分为五个组群。第Ⅰ大类群主要由吉林和辽宁资源组成，而黑龙江资源大部分聚集在第Ⅱ大类群。黑龙江小绿豆（C0858）、黑龙江3136号绿豆（C0841）和辽宁绿豆（C3839）分别单独聚为一类，组成第三、四、五大类群，与其他参试材料间的遗传距离较远。在遗传相似系数为0.5776处，可将第Ⅰ大类群分为6个亚群，大部分品种聚集在第一亚群中，包括35份吉林资源、28份辽宁资源和8份黑龙江资源。进一步分析可将第一亚群分为4个小组。吉林大部分品种聚集在第1小组，辽宁大部分品种聚集在第2小组，辽宁小绿豆（C0677）、吉林小绿豆（C0724）和辽宁绿豆（C3828）单独聚为一类，组成第3小组，第4小组由1份黑龙江资源、3份辽宁资源和3份吉林资源组成。吉林吉豆（C0693）单独组成第二亚群。第三亚群由3份辽宁资源和8份吉林资源组成。第四亚群由2份黑龙江资源和2份辽宁资源组成。第五亚群包括1份黑龙江资源、4份辽宁资源和5份吉林资源。第六亚群包括2份辽宁资源和5份吉林资源。第Ⅱ大类群由50份资源组成，其中辽宁资源9份、黑龙江资源20份、吉林资源21份。在遗传相似系数为0.6190处，可将第Ⅱ大类群分为三个亚群，第一亚群大部分由吉林资源组成，而黑龙江资源则平均分布在第二亚群和第三亚群中。

第八节　小结

遗传标记（genetic markers）是遗传多样性研究的一种有效方法，允许人们更好更容易地研究生物的遗传和变异性。遗传标记是一种特殊的容易识别的基因型表现。

研究认为，遗传标记在自然群体中检测到的等位基因数与研究位点的多态性程度呈正相关关系，且当多态性位点数量大于70个时，得到的遗传信息较可靠。本研究利用15对引物对东北156份绿豆资源进行遗传多样性分析，共得到71个等位位点，因此，可较好地揭示参试种质的遗传多样性水平。王丽侠等利用15对引物分析65份绿豆种质的遗传多样性，每对引物扩增出2~6个变异位点，平均PIC为0.28；Lestari等利用30对SSR引物分析83份绿豆种质遗传多样性，共扩增出107个等位变异，平均每对引物检测出3.6个等位基因，平均PIC为0.33。而本研究中每个标记检测到的等位基因数为2~9个，平均为4.7个，PIC变幅介于0.0672~0.7535，平均为0.4014，研究结果均优于前人研究，但与Sangiri等利用18对SSR引物分析415份亚洲及非洲地区的绿豆资源群体遗传多样性得到平均等位基因数为7.3个的结果相比略差。探究其原因可能是因为参试个体均来自中国东北地区，在长期的生产活动中优良亲本频繁交流，导致遗传背景狭窄，遗传变异水平降低。因此，应继续多渠道开发绿豆多态性SSR引物，同时应拓宽绿豆引种渠道，加强亲缘关系较远地区品种间基因交流及新基因挖掘工作。遗传相似性研究显示，156个品种的遗传相似系数变化范围为0.1155~1.0000，平均为0.54，大于0.5的相似系数占全部数据的73.69%，说明东北地区绿豆资源的遗传多样性水平较低，品种间相似度大，在DNA水平上的差异较小，亲缘关系较近。这主要是因为东北地区是绿豆的主产区，主栽品种较单一，导致该地区遗传基础狭窄，多样性水平降低。有效等位基因数是衡量种群遗传变异的重要参数，观察杂合度、期望杂合度、香农多样性指数和多态性信息含量能够大致反映种群遗传结构变化的程度。对三个参试省份的绿豆品种进行整体分析发现，黑龙江资源的遗传多样性水平最高，吉林和辽宁资源的遗传多样性相对较低。三个省份遗传相似系数结果显示，辽宁资源与黑龙江资源遗传相似性最低，遗传距离较远，与吉林资源的遗传相似系数最大，亲缘关系相对较近。因此，在今后的研究中应加强东北地区优质绿豆种质资源的收集与保护工作，同时要加强种质创新工作，着力于国外或其他遗传多样性丰富地区绿豆品种的引进工作以拓宽东北地区的遗传背景。

利用UPGMA法构建个体聚类图，156份参试种质可被分为五大类群，基本可将黑龙江种质与辽宁种质和吉林种质分开，在遗传相似系数为0.5776处，可进一步将吉林种质和辽宁种质分为两个亚群，即来自同一地理区域的品种聚为一类的概率比较大，如吉林绿豆资源大部分聚集在第Ⅰ大类群，而聚集在第Ⅱ大类群中的除吉林绿小豆（C0750）、吉林绿小豆（C0751）、吉林小绿豆（C0757）、吉林绿豆

（C0748）、吉林绿豆（C0749）与黑龙江品种聚在第三亚群外，其余均聚集在第一亚群。尽管同一省份内的所有种质并没有完全聚在一起，但大多在聚类图上成簇分布，表明相同来源的绿豆种质具有相似的遗传背景，进一步说明绿豆资源分布和地理位置有一定联系。不同的地理生态环境会对绿豆的遗传分化程度产生影响，不同地理区域的绿豆在生长过程中会逐渐组成具有某种特殊遗传背景的资源群体，即气候环境和生态条件的相似程度对绿豆种质在分子水平上的遗传相似性有一定影响。同时，从遗传距离分析，不同地理来源绿豆资源间遗传距离较小，遗传相似度水平较高，如黑龙江大绿豆（C0829）、吉林大绿豆（C0703）、辽宁小绿豆（C0789）在遗传相似系数为100%的水平上聚为一类，说明地理来源较远的绿豆品种遗传距离却较近可能与品种所处生态环境相似或反复利用优良亲本有关，同时也不排除"同种异名"的情况。

东北地区绿豆品种的遗传相似度较高，遗传多样性不够丰富，相互间遗传差异大的品种较少。绿豆种质资源的亲缘关系、遗传分化与地理来源相关，相同地理来源的品种大多成簇分布。在今后的育种工作中，应加强各地区绿豆资源间的基因交流，尤其是地理来源较远种质资源间的交流，这将为拓宽各地区绿豆资源的遗传背景，加强种质创新及新基因挖掘提供更多的可能性。同时本实验中选用的绿豆品种均来自东北三省地区，因此在今后的研究中，需要扩大调查区域，丰富绿豆品种，同时扩大研究所涵盖的遗传信息的量，从根本上反应遗传多样性的全部规律，对物种的遗传结构进行更为真实的体现。

第十一章
绿豆种质资源 SSR 指纹图谱构建

第一节　实验材料与方法
第二节　指纹数据库的构建
第三节　绿豆品种身份证构建
第四节　小结

分子身份证是在DNA分子标记的基础上建立起来的，是将植物种质资源的DNA电泳图谱按照一定规则转换为以数字、字母等符号组成的标记。随着植物品种资源流通量的不断增加和新品种的不断涌现，品种资源的鉴定工作越发重要，DNA指纹技术能够在DNA水平上对不同品种进行鉴定，鉴定结果稳定、分辨能力强、多态性高且不受外界环境和植物发育阶段等因素的影响，可以用于鉴定表型上很难区别的品种。然而，在实际应用中DNA指纹图谱需要基于一定的分子标记等相关专业知识才能识别，限制了指纹图谱的广泛应用。而DNA分子身份证将指纹图谱数字化，在鉴定植物品种时可以更加直观和便捷。DNA分子身份证具有结果唯一、易于识别、可追溯等特点。构建分子身份证采用的分子标记方法主要有SSR、RAPD、ISSR等。

第一节　实验材料与方法

一、实验材料

实验材料同第十章。

二、实验方法

假定非变性聚丙烯酰胺凝胶上相同迁移率的条带均来自同一位点上的同一等位基因，电泳图谱的每条带均为一个等位基因，代表一个SSR引物的结合位点。统计清晰稳定、有差异的条带，有带记为1，无带记为0。用PopGene软件计算各SSR引物的等位基因数、多态性信息含量（PIC）、香农多样性指数。用NT-SYS计算品种间的相似系数，按类平均法（UPGMA）进行聚类分析，绘制品种间的亲缘关系聚类树状图。

第二节　指纹数据库的构建

利用15对核心引物对东北地区156份绿豆品种进行扩增，准确获得不同材料在不同位点的等位基因片段大小及相应的毛细管电泳图，如表11-1、图11-1所示。根据扩增产物毛细管电泳读取结果，得到SSR指纹数据，谱带按0/1系统记录统计、分析建立156份绿豆种质资源的DNA数字指纹图谱（表11-2）。

表11-1　15对绿豆SSR核心引物等位基因信息

序号	引物名称	等位基因情况							
1	GBssr-MB87	264	266	276					
2	GBssr-MB91	152	156	158					
3	P3-581	165	168						
4	P3-627	155	161	164					
5	P3-765	184	187	190					
6	VR040	153	156	162	165				
7	VR304	174	178						
8	CEDG048	191	195	197	199	201	203	211	
9	CEDG178	139	141	143	145				
10	CEDG006	107	113	115	119	121	123	125	127	129
11	CEDG244	131	133	135	137	139	142	144	146	148
12	CEDG010	181	183	185	187	189			
13	CEDG154	213	215	221	223				
14	CEDG156	188	190	192	194	196	198	204	
15	CEDG228	161	163	205	207	209	211		

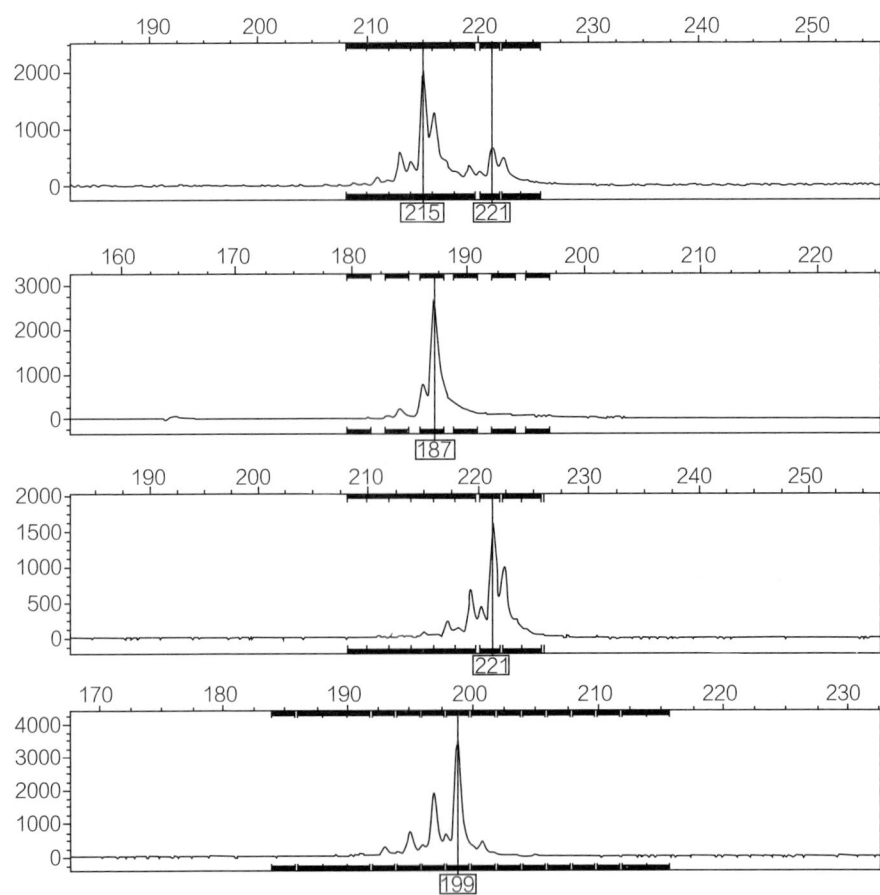

图11-1 部分绿豆品种毛细管电泳图

横坐标表示扩增片段长度，单位 bp；纵坐标表示荧光强度，单位 A.U.

表11-2 156份绿豆品种指纹图谱

代号	GBssr-MB87-GBssr-MB91-P3-581-P3-627-P3-765-VR040-VR304-CEDG048-CEDG178-CEDG006-CEDG244-CEDG010-CEDG154-CEDG156-CEDG228
HLJ1	1 0 0-0 1 0-0 1-0 0 1-0 1 0-0 0 1 0-1 0-0 0 0 1 0 0 0-0 1 0 0-0 1 0 0 0 0 0 0 0-0 0 0 0 0 0 1 0 0-0 0 0 1 0-0 1 0 0-0 1 0 0 0 0 0-0 0 0 0 1 0
HLJ2	1 0 0-0 1 0-0 1-1 0 1-0 11-0 0 11-0 1-0 0 0 1 0 0 0-0 1 0 0-0 1 0 0 1 0 0 0 0-0 0 1 0 0 0 0 0 0-0 0 0 1 0-0 1 0 0-0 0 0 1 0 0 0-0 1 0 1 0 0
HLJ3	0 0 1-0 1 0-1 0-0 0 1-0 1 0-0 0 1 0-1 0-0 0 1 0 0 0-0 1 0 0-0 1 0 0 0 0 0 0 0-0 1 0 0 0 0 0 0 0-0 0 0 1 0-0 0 0 1-0 0 0 1 0 0 0-0 0 0 0 0 1

续表

代号	GBssr-MB87-GBssr-MB91-P3-581-P3-627-P3-765-VR040-VR304-CEDG048-CEDG178-CEDG006-CEDG244-CEDG010-CEDG154-CEDG156-CEDG228
HLJ4	1 0 0-0 1 0-1 0-0 0 1-0 1 0-0 1 0 0-0 1-0 0 0 1 0 0 0 -0 0 0 1-0 0 0 0 0 1 0 0-0 1 0 0 0 0 0 0 0-0 0 1 0-0 1 0 0-0 1 0 0 0 0 0 -0 0 0 0 1 0
HLJ5	1 0 0-0 1 0-1 0-0 0 1-0 1 0-0 0 1 0-1 0-0 0 0 1 0 0 0 -0 1 0 0-0 1 0 0 0 0 0 0 0-0 1 0 0 0 0 0 0 0-0 0 1 0-0 0 1 0-0 1 0 0 0 0 0 -0 1 0 0 0 0
HLJ6	1 0 0-0 1 0-0 1-0 0 1-0 1 0-0 0 1 0-1 0-0 0 0 1 0 0 0 -0 0 0 1-0 1 0 0 0 0 0 0 0-0 1 0 0 0 0 0 0 0-0 0 1 0-0 0 1 0-0 1 0 0 0 0 0 -0 1 0 0 0 0
HLJ7	1 0 0-0 1 0-0 1-0 0 1-0 1 0-0 0 1 0-1 0-0 0 0 1 0 0 0 -0 0 0 1-0 1 0 0 0 0 0 0 0-0 0 0 0 0 1 0 0-0 0 0 1 0-0 0 1 0-0 1 0 0 0 0 0 -0 1 0 0 0 0
HLJ8	0 0 1-0 1 0-1 0-0 0 1-0 1 0-0 0 1 0-0 1-0 0 0 1 0 0 0 -0 1 0 0-0 0 1 0 0 0 0 0 0-0 1 0 0 0 0 0 0 0-0 0 1 0-0 1 0 0-0 0 0 1 0 0 0 -0 0 0 0 1 0
HLJ9	0 0 1-0 1 0-1 0-0 0 1-0 1 0-0 0 1 0-1 0-0 0 0 1 0 0 0 -0 0 0 1-0 1 0 0 0 0 0 0 0-0 0 0 0 1 0 0-0 0 1 0 0-0 1 1 0-0 0 0 1 0 0 0 -0 1 0 0 0 0
HLJ10	0 0 1-0 1 0-0 1-0 0 1-0 1 0-1 0 0 0 -1 0-0 0 0 1 0 0 0 -0 0 0 1-0 0 1 0 0 0 0 0 0 0-0 0 0 0 1 0 0-0 0 1 0 0-0 0 1 0-0 0 0 1 0 0 0 -0 1 0 0 0 0
HLJ11	0 0 1-0 1 0-1 0-0 0 1-0 1 0-0 0 1 0-1 0-0 0 0 0 1 0 0 -0 0 0 1-0 0 0 0 1 0 0 0 0-0 0 0 -0 0 1 0 0 0 -0 0 0 1 0-0 1 0 0-0 0 0 1 0 0 0 -0 0 0 0 1 0
HLJ12	0 0 1-0 1 0-1 0-0 0 1-0 1 0-0 0 1 0-1 0-0 0 0 0 1 0 0 -0 0 0 1-0 0 0 0 0 1 0 0 0 -0 0 0 0 1 0 0 0 -0 0 0 1 0-0 1 0 0-0 0 0 1 0 0 0 -0 0 0 0 1 0
HLJ13	1 0 0-0 1 0-1 0-0 0 1-0 1 0-0 1 0 0-0 1-0 0 0 1 0 0 0 -0 0 0 1-0 0 0 0 0 0 1 0 0-0 1 0 0 0 0 0 0 0-0 0 1 0-0 1 0 0-0 1 0 0 0 0 0 -0 0 0 0 1 0
HLJ14	0 0 1-0 1 0-1 0-0 0 1-0 1 0-0 0 1 0-0 1-0 0 0 0 1 0 0 -0 0 0 1-0 0 0 0 0 1 0 0 0 -0 0 0 1 0 0 0 -0 0 0 1 0-0 1 0 0-0 0 0 1 0 0 0 -0 0 0 0 1 0
HLJ15	1 0 0-0 1 0-0 1-0 0 1-0 1 0-0 0 1 0-1 0-0 0 0 1 0 0 0 -0 0 0 1-0 1 0 0 0 0 0 0 0-0 0 0 0 1 0 0-0 0 0 1 0-0 0 1 0-0 1 0 0 0 0 0 -0 1 0 0 0 0
HLJ16	1 0 0-0 1 0-0 1-0 0 1-0 1 0-0 0 1 0-0 1-0 0 0 1 0 0 0 -0 1 0 0-0 1 0 0 0 0 0 0 0-0 0 0 0 1 0 0-0 0 0 1 0-0 1 0 0-0 1 0 0 0 0 0 -0 0 0 0 1 0
HLJ17	0 0 1-0 1 0-1 0-0 0 1-0 1 0-0 0 1 0-0 1-0 0 0 0 1 0 0 -0 1 0 0-0 0 0 0 0 0 0 0 1-0 0 0 0 1 0 0 0 0 -0 0 0 1 0-0 1 0 0-0 0 0 1 0 0 0 -0 0 0 0 1 0
HLJ18	0 0 1-0 1 0-1 0-0 0 1-0 1 0-0 0 1 0-1 0-0 0 0 1 0 0 0 -0 1 0 0-0 0 0 0 0 0 0 0 1-0 0 0 0 1 0 0 0 0 -0 0 0 1 0-0 1 0 0-0 0 0 1 0 0 0 -0 0 0 0 1 0

续表

代号	GBssr-MB87-GBssr-MB91-P3-581-P3-627-P3-765-VR040-VR304-CEDG048-CEDG178-CEDG006-CEDG244-CEDG010-CEDG154-CEDG156-CEDG228
HLJ19	1 0 0-0 1 0-0 1-0 0 1-0 0 1-0 0 0 1-1 0-0 0 0 0 1 0 0-0 1 0 0-0 0 0 0 1 0 0 0 0-0 0 0 1 0 0 0 0 0-0 1 0 0 0-0 0 1 0-0 0 0 1 0 0 0-0 0 1 0 0 0
HLJ20	1 0 0-0 1 0-1 0-0 0 1-0 1 0-0 1 0 0-0 1-0 0 0 1 0 0 0-0 0 0 1-0 0 0 0 0 1 0 0-0 1 0 0 0 0 0 0 0-0 0 0 1 0-0 1 0 0-0 1 0 0 0 0 0-0 0 0 0 1 0
HLJ21	0 0 1-0 0 0-1 0-0 0 1-0 1 0-0 1 0 0-1 0-0 0 0 1 0 0 0-0 1 0 0-0 0 0 0 1 0 0 0 0-0 0 0 0 0 1 0 0 0-0 0 0 1 0-0 0 1 0-0 0 0 1 0 0 0-0 1 0 0 0 0
HLJ22	0 0 1-0 1 0-1 0-0 0 1-0 1 0-0 1 0 0-1 0-0 0 0 1 0 0 0-0 1 0 0-0 0 0 0 1 0 0 0 0-0 0 0 0 0 0 0-0 0 0 1 0-0 0 1 0-0 0 0 1 0 0 0-0 1 0 0 0 0
HLJ23	1 0 0-0 1 0-1 0-0 0 1-0 1 0-0 1 0 0-0 1-0 0 0 1 0 0 0-0 1 0 0-0 0 0 0 0 0 1 0-0 1 0 0 0 0 0 0 0-0 0 0 1 0-0 1 0 0-0 1 0 0 0 0 0-0 1 0 0 0 0
HLJ24	1 0 0-0 1 0-1 0-0 0 1-0 1 0-0 1 0 0-0 1-0 0 0 1 0 0 0-0 0 0 1-0 0 0 0 0 0 1 0 0-0 1 0 0 0 0 0 0 0-0 0 0 1 0-0 1 0 0-0 1 0 0 0 0 0-0 0 0 0 1 0
HLJ25	0 0 1-0 1 0-1 0-0 0 1-0 1 0-0 0 1 0-0 1-0 0 0 0 1 0-0 1 0 0-0 0 0 0 1 0 0 0 0-0 1 0 0 0 0 0 0 0-0 0 1 0 0-0 1 0 0-0 0 0 1 0 0 0-0 1 0 0 0 0
HLJ26	1 0 0-0 1 0-1 0-0 0 1-0 1 0-0 1 0 0-0 1-0 0 0 0 1 0 0-1 0 0 1-0 0 0 0 0 0 1 0 0-0 1 0 0 0 0 0 0 0-0 0 1 0-0 1 0 0-0 1 0 0 0 0 0-0 0 0 0 1 0
HLJ27	0 0 1-0 1 0-1 0-0 0 1-0 1 0-0 0 1 0-0 1-0 0 0 0 1 0 0-0 0 0 1-0 0 0 0 1 0 0 0-0 0 0 0 1 0 0 0-0 0 0 1 0-0 1 0 0-0 0 0 1 0 0 0-0 0 0 0 1 0
HLJ28	0 0 1-0 1 0-1 0-0 0 1-0 1 0-0 0 1 0-1 0-0 0 0 1 0 0 0-0 0 0 1-0 0 0 0 1 0 0 0-0 0 0 0 1 0 0 0-0 0 0 1 0-0 1 0 0-0 0 0 1 0 0 0-0 0 0 0 1 0
HLJ29	1 0 0 1 0-0 1-0 0 1-0 1 0-0 0 1 0-1 0-0 0 0 1 0 0 0-0 0 0 1-0 1 0 0 0 0 0 0 0-0 0 0 1 0 0 0 0-0 0 1 0-0 0 1 0-0 0 0 1 0 0 0-0 1 0 0 0 0
HLJ30	0 0 1-1 0 0-1 0-1 0 0-0 1-0 0 1 0-1-0 0 0 1 0 0-0 1 0 0-0 0 0 0 1 0 0-0 1 0 0 0 0 0 0 0-0 0 1 0 0-0 1 0 0-0 0 0 1 0 0 0-0 0 0 0 1 0
HLJ31	0 0 1-0 1 0-1 0-0 0 1-0 1 0-0 0 1 0-1-0 0 0 1 0 0 0-0 1 0 0-0 0 1 0 0 0 0 0 0-0 1 0 0 0 0 0 0 0-0 0 0 1 0-0 1 0 0-0 0 0 1 0 0 0-0 1 0 0 0 0
HLJ32	0 0 1-0 1 0-1 0-1 0 0-0 1-0 0 0 0 1-0 1-0 0 0 1 0 0 0-0 1 0 0-0 0 0 0 0 0 1 0 0-0 1 0 0 0 0 0 0 0 0-0 0 0 1 0-0 1 0 0-0 0 0 1 0 0 0-0 1 0 0 0 0
HLJ33	1 0 0-0 1 0-1 0-1 0 0-0 1-0 0 1 0-1-0 0 0 0 1 0 0-0 1 0 0-0 0 1 0 0 0 0 0 0-0 0 0 0 1 0 0 0 0-0 0 1 0 0-0 1 0 0-0 0 0 1 0 0 0-0 0 0 0 0 1

续表

代号	GBssr-MB87-GBssr-MB91-P3-581-P3-627-P3-765-VR040-VR304-CEDG048-CEDG178-CEDG006-CEDG244-CEDG010-CEDG154-CEDG156-CEDG228
HLJ34	0 0 1-0 1 0-1 0-0 0 1-0 1 0-0 0 1 0-11-0 0 0 1 0 0 0 -0 1 0 0 -0 1 0 0 0 0 0 0 0 -0 1 0 0 0 0 0 0 0-0 0 1 0-0 0 1 0-0 0 0 1 0 0 0 -0 1 0 0 0 1
JL1	1 0 0-0 1 0-0 1-0 0 1-0 1 0-0 0 1 0-1 0-0 0 1 0 0 0-0 0 0 1-0 1 0 0 0 0 0 0 0-1 0 0 0 0 0 0 0 0-0 0 0 1 0-0 0 1 0-0 1 0 0 0 0 0-0 1 0 0 0 0
JL2	1 0 0-0 1 0-0 1-0 0 1-0 1 0-0 0 1 0-11-0 0 0 1 0 0 0-0 1 0 1-0 1 0 0 0 0 0 0 0-0 0 0 0 0 0 1 0 0-0 0 0 1 0-0 11 0-0 1 0 0 0 0 0-0 1 0 0 1 0
JL3	1 0 0-0 1 0-0 1-0 0 1-0 1 0-0 0 1 0-1 0-0 0 0 1 0 0 0-0 1 0 0-0 1 0 0 0 0 0 0 0-0 0 0 0 0 0 1 0 0-0 0 0 1 0-0 0 1 0-0 1 0 0 0 0 0-0 1 0 0 0 0
JL4	1 0 0-0 1 0-0 1-0 0 1-0 1 0-0 0 0 1-0 1-0 0 0 1 0 0 0-0 1 0 0-0 0 0 0 1 0 0 0 0-0 0 0 0 0 1 0 0 0-0 0 1 0 0-0 0 1 0 0-1 0 0 0-0 0 0 0 0 1-0 0 0 0 1 0
JL5	0 0 1-0 1 0-0 1-0 0 1-0 1 0-0 0 1 0-1 0-0 0 0 0 0 0 0-0 0 0 1-0 0 0 0 0 0 1 0 0-0 0 0 0 0 0 1 0 0-0 0 0 1 0 0-0 0 0 0 0-0 1 0 0-0 1 0 0 0 0 0-0 0 0 1 0 0
JL6	1 0 1-0 1 0-0 1-0 0 1-0 1 0-0 0 11-1 0-0 0 0 1 0 0 0-0 1 0 1-0 0 1 0 0 0 1 0 0-0 1 0 0 0 1 0 0 0-0 0 1 0 0 0-0 0 0 1 0-0 11 0-0 1 0 1 0 0 0-1 0 0 0 0 0
JL7	1 0 0-0 1 0-0 1-0 0 1-0 1 0-0 0 1 0-1 0-0 0 1 0 0 0 0-0 0 0 1-0 1 0 0 0 0 0 0 0-0 0 0 1 0 0-0 0 0 1 0-0 0 1 0-0 1 0 0 0 0 0-1 0 0 0 0 0
JL8	0 0 1-0 1 0-0 1-0 0 1-0 1 0-0 0 1 0-1 0-0 0 0 1 0 0 0-0 0 0 1-0 1 0 0 0 0 0 0 0-0 0 0 1 0 0-0 0 0 1 0-0 0 1 0-0 1 0 0 0 0 0-1 0 0 0 0 0
JL9	1 0 0-0 1 0-0 1-0 0 1-0 0 1 0 0-0 1 0-1 0-0 0 0 0 0 0 0-0 0 0 1-0 1 0 0 0 0 0 0 0-0 0 0 1 0 0-0 0 0 1 0-0 0 1 0-0 1 0 0 0 0 0-1 0 0 0 0 0
JL10	0 0 1-0 1 0-1 0-0 0 1-0 1 0-0 0 1 0-0 1-0 0 0 1 0 0 0-0 1 0 0-0 0 1 0 0 0 0 0 0-0 1 0 0 0 0 0 0 0-0 0 0 1 0-0 1 0 0-0 0 0 1 0 0 0-0 0 0 0 1 0
JL11	1 0 0-0 1 0-0 1-0 0 1-0 1 0-0 0 1 0-1 0-0 0 0 0 0 0 0-0 0 0 1-0 1 0 0 0 0 0 0 0-0 0 0 1 0 0-0 0 0 1 0-0 0 1 0-0 1 0 0 0 0 0-0 1 0 0 0 0
JL12	0 0 1-0 1 0-1 0-0 0 1-0 1 0-0 0 1 0-1 0-0 0 1 0 0 0-0 1 0 0-0 0 1 0 0 0 0 0 0-0 1 0 0 0 0 0 0 0-0 0 0 1 0-0 1 0 0-0 0 0 1 0 0 0-0 0 0 0 1 0
JL13	1 0 1-0 1 0-0 1-0 0 0-0 0 0-0 0 1 0-1 0-0 0 0 0 0 0 0-0 1 0 0-0 1 0 0 0 0 0 0 0-0 0 0 0 0 0-0 0 0 0 0-0 0 1 0-0 1 0 0 0 0 0-0 1 0 0 0 0
JL14	0 0 1-0 1 0-0 1-0 0 1-0 1 0-0 0 1 0-1 0-0 0 0 0 0 0 0-0 1 0 0-0 0 1 0 0 0 0 0 0-0 1 0 0 0 0 0 0 0-0 0 0 0 0-0 1 0 0-0 0 0 1 0 0 0-0 0 0 0 0 0

续表

代号	GBssr-MB87-GBssr-MB91-P3-581-P3-627-P3-765-VR040-VR304-CEDG048-CEDG178-CEDG006-CEDG244-CEDG010-CEDG154-CEDG156-CEDG228
JL15	0 0 1-0 1 0-0 1-1 0 0-0 1 0-0 0 1 0-1 0-0 0 0 1 0 0 0-0 0 0 1-0 1 0 0 0 0 0 0-0 1 0 0 0 0 0 0 0-0 0 0 0 0-0 0 0 1-0 0 1 0 0 0 0-1 0 0 0 0 0
JL16	0 0 1-0 1 0-1 0-0 0 1-0 1 0-0 0 1 0-0 1-0 0 0 1 0 0 0-0 1 0 0-0 0 1 0 0 0 0 0 0-0 1 0 0 0 0 0 0 0-0 0 0 1 0-0 1 0 0-0 0 0 1 0 0 0-0 0 0 0 0 1
JL17	0 0 1-0 1 0-0 1-0 0 1-0 1 0-1 0 0 0-1 0-0 0 0 0 1 0 0-0 0 0 1-0 1 0 0 0 0 0 0 0-0 0 0 0 0 0 1 0 0-0 0 1 0 0-0 0 1 0-0 0 0 1 0 0 0-1 0 0 0 0 0
JL18	0 0 1-0 1 0-0 1-0 0 1-0 1 0-1 0 0 0-1 0-0 0 0 0 1 0 0-0 0 0 1-0 1 0 0 0 0 0 0 0-0 0 0 0 0 0 1 0 0-0 0 1 0 0-0 0 1 0-0 0 0 1 0 0 0-1 0 0 0 0 0
JL19	1 0 0-0 1 0-0 1-0 0 1-0 1 0-0 1 0 0-1 0-0 0 0 1 0 0 0-0 1 0 0-0 0 0 0 1 0 0 0 0-0 0 0 0 0 1 0 0 0-0 0 1 0 0-1 0 0 0-0 0 0 1 0 0 0-0 0 0 0 1 0
JL20	0 0 1-1 0 0-0 1-0 0 1-0 1 0-0 0 1 0-1 0-0 0 0 1 0 0 0-0 0 0 1-0 1 0 0 0 0 0 0 0-0 0 0 0 0 0-0 0 0 0 1-0 0 1 0-0 0 0 1 0 0 0-0 1 0 0 0 0
JL21	0 0 1-0 1 0-1 0-0 0 1-0 1 0-0 0 1 0-0 1-0 0 0 1 0 0 0-0 1 0 0-0 0 1 0 0 0 0 0 0-0 1 0 0 0 0 0 0 0-0 0 0 1 0-0 1 0 0-0 0 0 1 0 0 0-0 0 0 0 1 0
JL22	0 0 1-0 1 0-1 0-0 0 1-0 1 0-0 0 1 0-0 1-0 0 0 1 0 0 0-0 1 0 0-0 0 1 0 0 0 0 0 0-0 1 0 0 0 0 0 0 0-0 0 0 1 0-0 1 0 0-0 0 0 1 0 0 0-0 0 0 0 1 0
JL23	1 0 0-0 1 0-1 0-0 0 1-0 1 0-0 0 1 0-1 0-0 0 0 1 0 0 0-0 1 0 0-0 1 0 0 0 0 0 0 0-0 0 0 1 0 0-0 0 1 0-0 0 1 0-0 1 0 0 0 0-0 1 0 0 0
JL24	0 0 0-0 1 0-11-1 0 1-0 1 0-1 0 1 0-11-0 0 1 0 0 0 0-0 1 0 1-0 1 0 0 1 0 0 0 0-0 0 1 0 0 0 0 0 0-0 0 0 1 0-0 11 0-1 0 0 1 0 0 0-0 1 0 0 1 0
JL25	0 0 1-0 1 0-1 0-0 0 1-0 1 0-0 0 0 1-1 0-0 0 0 0 1 0 0-0 0 0 1-0 0 0 0 0 0 1 0 0-0 1 0 0 0 0 0 0 0-0 0 0 1 0-0 0 1 0-0 0 0 1 0 0 0-0 0 0 0 1 0
JL26	1 0 0-0 1 0-0 1-0 0 1-0 1 0-0 0 1 0-1 0-0 0 0 1 0 0 0-0 1 0 0-0 1 0 0 0 0 0 0 0-0 0 0 1 0 0-0 0 1 0-0 1 0 0-0 1 0 0 0 0 0-0 0 0 0 1 0
JL27	0 0 1-0 1 0-11-1 0 0-0 0 1-0 1 0-0 0 0 1 0-0 0 0 0 1 0 0-0 0 1-0 1 0 0 0 0 0 0-0 1 0 0 0 0 0 0 0-0 0 0 1 0-0 0 1 0-0 0 1 0 0 0 0-0 1 0 0 0 0
JL28	0 0 1-0 1 0-1 0-0 0 1-0 1 0-0 0 1 0-0 0 0 0 0 1 0 0 0-0 1 0 0-0 0 1 0 0 0 0 0 0-0 1 0 0 0 0 0 0 0-0 0 0 1 0-0 1 0 0-0 0 0 1 0 0 0-0 0 0 0 1 0
JL29	0 0 1-0 1 0-0 1-0 0 1-0 1 0-1 0 0 0-1 0-0 0 0 0 1 0 0-0 0 0 1-0 1 0 0 0 0 0 0 0-0 0 0 0 0 0-0 0 1 0 0-0 0 1 0-0 0 0 1 0 0 0-0 1 0 0 0 0

续表

代号	GBssr-MB87-GBssr-MB91-P3-581-P3-627-P3-765-VR040-VR304-CEDG048-CEDG178-CEDG006-CEDG244-CEDG010-CEDG154-CEDG156-CEDG228
JL30	0 0 1-11 0-1 0-1 0 1-0 1 0-0 0 1 0-11-0 0 0 1 0 0 0-0 0 0 1-0 1 0 0 0 0 0 0-1 0 0 0 0 0 0 0 0-0 0 0 1 0-0 0 1 0-0 1 0 1 0 0 0-0 1 0 0 0 0
JL31	0 0 1-0 1 0-0 1-0 0 1-0 1 0-0 0 1 0-0 1-0 0 0 1 0 0 0-0 0 0 1-0 0 0 0 1 0 0 0-0 0 0 0 0 1 0 0 0-0 0 1 0 0-0 0 1 0-0 0 0 1 0 0 0-0 1 0 0 0 0
JL32	1 0 0-0 1 0-1 0-0 0 1-0 1 0-0 1 0 0-0 1-0 0 0 1 0 0 0-0 1 0 0-0 0 0 0 1 0 0 0 0-0 0 0 0 0 1 0 0 0-0 0 1 0 0 0-0 0 1 0 0-0 0 1 0-0 0 0 1 0 0 0-0 1 0 0 0 0
JL33	1 0 0-0 1 0-0 1-0 0 1-0 1 0-0 0 0 1-0 1-0 0 1 0 0 0 0-0 1 0 0-0 0 0 0 1 0 0 0 0-0 0 0 0 0 1 0 0 0-0 0 0 0 1 0-0 0 0 1 0-1 0 0 0-0 1 0 0 0 0 0-0 0 0 0 1 0
JL34	1 0 1-0 1 0-11-0 0 1-0 1 0-0 1 0 0-11-0 0 0 1 0 0 0-0 0 0 1-0 1 0 0 0 0 1 0 0-0 1 0 0 0 1 0 0-0 0 0 1 0-0 1 0 0-0 1 0 0 0 0 0-0 1 0 0 1 0
JL35	1 0 0-0 1 0-0 1-0 0 1-0 1 0-0 0 1 0-1 0-0 0 0 1 0 0 0-0 1 0 0-0 1 0 0 0 0 0 0 0-0 0 0 0 0 0 1 0 0-0 0 1 0 0-0 0 0 1 0-0 0 1 0-0 1 0 0 0 0 0-0 1 0 0 0 0
JL36	0 0 1-11 0-1 0-0 0 1-0 1 0-0 0 1 0-11-0 1 0 1 0 0 0-0 1 0 1-0 0 1 0 0 0 0 0 0-0 0 1 0 0 0 0 0 0-0 0 0 1 0-0 1 0 0-0 0 0 1 0 0 0-0 1 0 0 1 0
JL37	1 0 0-0 1 0-1 0-0 0 1-0 1 0-0 1 0 0-0 1-0 0 0 0 1 0 0-0 0 0 1-0 0 0 0 0 0 1 0 0-0 0 0 1 0 0 0-0 0 0 0 1-0 1 0 0-0 0 0 1 0 0 0-0 1 0 0 0 0
JL38	1 0 0-0 1 0-1 0-0 0 1-0 1 0-0 1 0 0-0 1-0 0 0 0 1 0 0-0 0 0 1-0 0 0 0 0 0 1 0 0-0 0 0 1 0 0 0-0 0 0 0 1-0 1 0 0-0 0 0 1 0 0 0-0 1 0 0 0 0
JL39	1 0 0-0 1 0-1 0-0 0 1-0 1 0-0 1 0 0-0 1-0 0 0 1 0 0 0-0 1 0 0-0 0 1 0 0 0 0 0 0-0 0 0 1 0 0 0 0-0 1 0 0 0-0 0 0 1 0-0 1 0 0-0 0 0 1 0 0 0-0 1 0 0 0 0
JL40	1 0 0-0 1 0-1 0-0 0 1-0 1 0-0 1 0 0-0 1-0 0 0 1 0 0 0-0 1 0 0-0 0 1 0 0 0 0 0 0-0 0 0 1 0 0 0 0-0 1 0 0 0-0 0 0 1 0-0 1 0 0-0 0 0 1 0 0 0-0 1 0 0 0 0
JL41	0 0 1-0 1 0-1 0-0 0 1-0 1 0-0 0 1 0-0 1-0 0 0 1 0 0 0-0 1 0 0-0 1 0 0 0 0 0 0 0-0 1 0 0 0 0 0 0-0 0 1 0-0 1 0 0-0 0 0 1 0 0 0-0 0 0 0 1 0
JL42	0 0 1-0 1 0-1 0-0 0 1-0 1 0-0 0 1 0-11-0 0 0 1 0 0 0-0 0 0 1-0 0 0 0 1 0 0 0-0 0 0 0 0 1 0 0 0-0 0 1 0 0-0 0 1 0-0 0 0 1 0 0 0-0 1 0 0 0 0
JL43	1 0 0-0 1 0-0 1-0 0 1-0 1 0-0 0 0 1-0 1-0 0 0 1 0 0 0-0 1 0 0-0 0 0 0 1 0 0 0 0-0 0 0 0 0 1 0 0 0-0 0 1 0 0-0 0 1 0 0-1 0 0 0-0 0 0 0 0 0 1-0 0 0 0 1 0
JL44	1 0 0-11 0-0 1-1 0 1-0 1 0-0 0 1 0-1 0-0 0 0 1 0 0 0-0 1 0 1-0 0 0 0 0 0 1 0 0-0 1 0 0 0 0 0 0 0-0 0 1 0-0 11 0-0 1 0 0 0 0 0-0 1 0 0 0 0

续表

代号	GBssr-MB87-GBssr-MB91-P3-581-P3-627-P3-765-VR040-VR304-CEDG048-CEDG178-CEDG006-CEDG244-CEDG010-CEDG154-CEDG156-CEDG228
JL45	1 0 0-0 1 0-0 1-0 0 1-0 1 0-0 0 1 0-1 0-0 0 0 1 0 0 0-0 0 0 1-0 1 0 0 0 0 0 0 0-0 0 0 1 0 0 0 0 0-0 0 0 1 0-0 0 1 0-0 0 0 1 0 0 0-0 1 0 0 0 0
JL46	1 0 0-0 1 0-1 0-0 0 1-0 1 0-0 1 0 0-0 1-0 0 0 1 0 0 0-0 1 0 0-0 0 1 0 0 0 0 0 0 0-0 0 0 0 1 0 0 0 0-0 0 0 1 0-0 1 0 0-0 0 1 0 0 0 0-0 1 0 0 0 0
JL47	1 0 1-0 1 0-11-0 0 1-0 1 0-0 11 0-0 1-0 0 0 1 0 0 0-0 1 0 1-0 0 0 0 1 0 0 0 0 0 0 0-0 0 0 1 0 0 0 0 0-0 0 1 0 0-0 0 1 0-0 0 0 1 0 0 0-0 1 0 0 1 0
JL48	1 0 0-0 1 0-1 0-0 0 1-0 1 0-0 0 0 1-0 1-0 0 0 1 0 0 0-0 0 0 1-0 0 0 1 0 0 0 0 0 0 0 0-0 0 0 0 1 0 0 0 0-0 0 1 0 0-0 0 1 0-0 0 0 1 0 0 0-0 1 0 0 0 0
JL49	0 0 1-0 1 0-1 0-1 0 0-0 1 0-0 0 1 0-0 1 0 0 1 0 0 0 0-0 1 0 0-0 0 0 0 0 0 1 0 0-0 1 0 0 0 0 0 0-0 0 0 1 0-0 1 0 0-0 0 0 1 0 0 0-0 1 0 0 0 0
JL50	0 0 1-0 1 0-1 0-1 0 0-0 1 0-0 0 1 0-0 1 0 0 1 0 0 0 0-0 1 0 0-0 0 0 0 0 0 1 0 0-0 1 0 0 0 0 0 0-0 0 0 1 0-0 1 0 0-0 0 0 1 0 0 0-0 1 0 0 0 0
JL51	0 0 1-0 1 0-1 0-1 0 0-0 1 0-0 0 1 0-0 1 0 0 1 0 0 0 0-0 1 0 0-0 0 0 0 0 0 1 0 0-0 1 0 0 0 0 0 0-0 0 0 1 0-0 1 0 0-0 0 0 1 0 0 0-0 1 0 0 0 0
JL52	0 0 1-0 1 0-1 0-1 0 0-0 1 0-0 0 1 0-0 1 0 0 1 0 0 0 0-0 1 0 0-0 0 0 0 0 0 1 0 0-0 1 0 0 0 0 0 0-0 0 0 1 0-0 1 0 0-0 0 0 1 0 0 0-0 1 0 0 0 0
JL53	0 0 1-0 1 0-0 1-0 0 1-0 1 0-0 0 1 0-1 0-0 0 0 1 0 0 0-0 1 0 0-0 1 0 0 0 0 0 0 0-0 0 0 0 1 0 0-0 0 0 1 0-0 0 1 0-0 1 0 0 0 0 0-0 1 0 0 0 0
JL54	0 0 1-0 1 0-0 1-0 0 1-0 1 0-0 0 1 0-1 0-0 0 0 1 0 0 0-0 1 0 0-0 1 0 0 0 0 0 0 0-0 0 0 0 1 0 0-0 0 0 1 0-0 0 1 0-0 1 0 0 0 0 0-0 1 0 0 0 0
JL55	0 0 1-0 1 0-1 0-1 0 0-0 1 0-0 0 1 0-1 0-0 0 0 1 0 0 0-0 0 0 1-0 0 0 0 0 0 1 0 0-0 0 1 0 0 0 0 0 0-0 0 0 1 0-0 0 1 0-0 0 0 1 0 0 0-0 0 0 0 1 0
JL56	0 0 1-0 1 0-1 0-1 0 0-0 1 0-0 0 1 0-1 0-0 0 0 1 0 0 0-0 0 0 1-0 0 0 0 0 0 1 0 0-0 1 0 0 0 0 0 0 0-0 0 0 1 0-0 0 1 0-0 0 0 1 0 0 0-0 0 0 0 1 0
JL57	1 0 0-0 1 0-0 1-0 0 1-0 1 0-0 0 1 0-1 0-0 0 0 1 0 0 0-0 1 0 0-0 1 0 0 0 0 0 4 0-0 0 0 0 0 0 1 0 0-0 0 0 1 0-0 0 1 0-0 1 0 0 0 0 0-0 1 0 0 0 0
JL58	0 0 1-0 1 0-0 1-0 0 1-0 0 1-0 1 0-1 0-1 0 0 0 0 0 0-0 1 0 0-0 1 0 0 0 0 0 0 0-0 0 0 0 1 0 0-0 0 0 1 0-0 0 1 0-1 0 0 0 0 0 0-1 0 0 0 0 0
JL59	0 0 1-0 1 0-0 1-0 0 1-0 1 0-0 0 1 0-1 0-1 0 0 0 0 0-0 1 0 0-0 1 0 0 0 0 0 0 0-0 0 0 0 1 0 0-0 0 0 1 0-0 0 1 0-0 1 0 0 0 0 0-0 1 0 0 0 0

续表

代号	GBssr-MB87-GBssr-MB91-P3-581-P3-627-P3-765-VR040-VR304-CEDG048-CEDG178-CEDG006-CEDG244-CEDG010-CEDG154-CEDG156-CEDG228
JL60	0 0 1-0 1 0-0 1-0 0 1-0 1 0-0 0 1 0-1 0-0 0 0 1 0 0 0-0 1 0 0-0 1 0 0 0 0 0 0 0-0 0 0 0 0 0 1 0 0-0 0 0 1 0-0 0 1 0-0 1 0 0 0 0 0-0 1 0 0 0 0
JL61	1 0 0-0 1 0-0 1-0 0 1-0 1 0-0 0 1 0-1 0-0 0 0 1 0 0 0-0 1 0 0-0 1 0 0 0 0 0 0 0-0 0 0 0 0 0 1 0 0-0 0 0 1 0-0 0 1 0-0 1 0 0 0 0 0-0 1 0 0 0 0
JL62	0 0 1-0 1 0-0 1-0 0 1-0 1 0-0 0 1 0-1 0-0 0 0 1 0 0 0-0 1 0 0-0 1 0 0 0 0 0 0 0-0 0 0 0 0 0 1 0 0-0 0 0 1 0-0 0 1 0-0 1 0 0 0 0 0-0 1 0 0 0 0
JL63	0 0 1-0 1 0-0 1-0 0 1-0 1 0-0 0 1 0-0 1-0 0 0 1 0 0 0-0 1 0 0-0 1 0 0 0 0 0 0 0-0 0 0 0 0 0 1 0 0-0 0 0 1 0-0 1 0 0-0 0 0 1 0 0 0-0 0 0 0 1 0
JL64	0 0 1-0 1 0-0 1-0 0 1-0 1 0-0 0 1 0-1 0-0 0 0 1 0 0 0-0 1 0 0-0 1 0 0 0 0 0 0 0-0 0 0 0 0 0 1 0 0-0 0 0 1 0-0 0 1 0-0 1 0 0 0 0 0-0 1 0 0 0 0
JL65	0 0 1-0 1 0-0 1-0 0 1-0 1 0-0 0 1 0-11-0 0 0 1 0 0 0-0 1 0 0-0 0 1 0 0 0 0 0 0-0 1 0 0 0 0 0 0 0-0 0 0 1 0-0 1 0 0-0 1 0 0 0 0 0-0 1 0 0 0 0
JL66	0 0 1-0 1 0-1 0-1 0 0-0 1 0-0 0 1 0-1 0-0 0 0 1 0 0 0-0 0 0 1-0 0 0 0 0 0 1 0 0-0 1 0 0 0 0 0 0 0-0 0 0 1 0-0 0 1 0-0 0 0 1 0 0 0-0 0 0 0 1 0
JL67	0 1 0-0 1 0-0 1-0 0 1-0 1 0-0 0 1 0-1 0-0 0 0 1 0 0 0-0 0 0 1-0 1 0 0 0 0 0 0 0-0 0 0 1 0 0 0 0 0-0 0 0 1 0-0 0 1 0-0 0 0 1 0 0 0-0 1 0 0 0 0
JL68	0 11-11 0-0 1-0 0 1-0 1 0-0 0 1 0-1 0-0 0 0 1 0 0 0-0 1 0 1-0 1 0 0 0 0 0 0 0-0 0 0 1 0 0 0 0 0-0 0 0 1 0-0 0 1 0-0 1 0 1 0 0 0-0 1 0 0 0 0
JL69	0 0 1-0 1 0-0 1-1 0 0-0 1 0-0 0 1 0-1 0-0 0 0 1 0 0 0-0 0 0 1-0 1 0 0 0 0 0 0 0-0 1 0 0 0 0 0 0 0-0 0 0 1 0-0 0 1 0-1 0 0 0 0 0 0-0 1 0 0 0 0
JL70	0 1 0-0 1 0-0 1-1 0 0-0 1 0-0 0 1 0-1 0-0 0 0 1 0 0 0-0 0 0 1-0 0 0 0 0 0 1 0 0-0 1 0 0 0 0 0 0 0-0 0 0 1 0-0 1 0 0-0 1 0 0 0 0 0-0 0 0 0 1 0
JL71	0 0 1-0 1 0-1 0-0 0 1-0 1 0-0 0 1 0-0 1-0 0 0 1 0 0 0-0 1 0 0-0 0 0 0 0 1 0 0 0-0 1 0 0 0 0 0 0 0-0 0 0 1 0-0 0 1 0-0 1 0 0 0 0 0-0 1 0 0 0 0
JL72	0 1 0-0 1 0-0 0 1-0 1 0-0 0 1 0-1 0-0 0 0 1 0 0 0-0 0 0 1-0 1 0 0 0 0 0 0 0-0 0 0 0 1 0-0 0 1 0-0 1 0 0-0 1 0 0 0 0 0-0 1 0 0 0 0
JL73	0 0 1-0 1 0-1 0-0 0 1-0 0 1 0 0-0 1 0 0 0 1 0 0 0-0 1 0 0-0 0 1 0 0 0 0 0 0-0 1 0 0 0 0 0 0 0-0 0 1 0 0-0 1 0 0-0 0 0 1 0 0 0-0 0 0 0 0 1
JL74	0 1 0-0 1 0-0 1-0 0 1-0 1 0-0 0 1 0-1 0-0 0 1 0 0 0 0-0 0 0 1-0 1 0 0 0 0 0 0 0-0 1 0 0 0 0 0 0 0-0 0 0 1 0-0 0 1 0-0 0 0 1 0 0 0-0 1 0 0 0 0

续表

代号	GBssr-MB87-GBssr-MB91-P3-581-P3-627-P3-765-VR040-VR304-CEDG048-CEDG178-CEDG006-CEDG244-CEDG010-CEDG154-CEDG156-CEDG228
LN1	1 0 1-0 1 0-0 1-1 0 1-0 1 0-1 0 1 0-1 0-0 0 1 0 0 0-0 1 0 1-0 1 0 0 0 0 0 0-0 0 0 0 1 0 0 0 0-0 0 1 0 0-0 1 0 0-0 0 0 1 0 0 0-0 1 0 0 0 0
LN2	0 0 1-0 1 0-0 1-1 0 0-0 1 0-1 0 0 0-1 0-0 0 1 0 0 0-0 1 0 0-0 1 0 0 0 0 0 0-0 0 0 0 0 0 1 0 0-0 0 1 0 0-0 1 0 0-0 0 0 1 0 0 0-1 0 0 0 0 0
LN3	0 0 1-0 1 0-0 1-0 0 1-0 1 0-0 0 1 0-1 0-0 0 1 0 0 0 0-0 1 0 0-0 0 1 0 0 0 0 0 0-0 0 0 0 1 0 0 0 0-0 0 0 1 0-0 0 1 0-0 0 0 0 1 0 0-0 1 0 0 0 0
LN4	0 0 1-0 1 0-0 1-1 0 0-0 1 0-1 0 1 0-1 0-0 0 0 1 0 0 0-0 0 0 1-0 1 0 0 1 0 0 0 0 0 0-0 0 0 0 0 1 0 0-0 0 1 0 0-0 1 1 0-0 0 0 1 0 0 0-0 1 0 0 0 0
LN5	1 0 1-0 1 0-0 1-0 0 1-0 1 0-1 0 1 0-1 1-0 0 0 1 0 0 0-0 0 0 1-0 1 0 0 1 0 0 0 0 0 0-0 0 0 0 1 0 0 0 0-0 0 1 0 0-0 1 0 0-0 0 0 1 0 0 0-0 1 0 0 1 0
LN6	1 0 0-0 1 0-0 1-0 0 1-0 1 0-0 0 0 1-0 1-0 0 0 1 0 0 0-0 0 0 1-0 1 0 0 1 0 0 0 0 0 0-0 0 0 0 1 0 0 0-0 0 1 0-0 0 0 0 0 0 1-0 0 0 0 1 0
LN7	1 0 1-0 1 0-0 1-1 0 0-0 1 1-0 0 1 1-1 0-0 0 0 1 0 0 1-0 0 0 1-0 0 0 0 1 0 0 0 0 0 0 0 0 0 1 0 0 0 1-0 0 1 0 0-0 1 1 0-0 0 1 0 0 1 0-0 1 0 0 1 0
LN8	0 0 1-0 1 0-0 1-0 0 1-0 1 0-0 0 1 0-1 0-0 0 0 1 0 0 0-0 1 0 0-0 1 0 0 0 0 0 0-0 0 0 0 1 0 0 0 0-0 0 1 0 0-0 1 1 0-0 0 1 0 0 0 0-0 1 0 0 0
LN9	0 0 1-0 1 0-1 1-1 0 1-0 1 0-1 0 1 0-1 1-0 1 0 0 0 0 0-0 0 0 1-0 1 0 0 0 0 0 0 0 0-0 0 0 1 0 0-0 0 1 0-0 1 1 0-0 0 0 1 0 0 0-0 1 0 0 0
LN10	1 0 0-0 1 0-0 1-1 0 0-0 1 0-0 0 0 1-0 1-0 0 0 1 0 0 0-0 1 0 0-0 1 0 0 0 0 0 0 0-0 0 1 0 0 0-0 1 0 0 0-0 0 1 0-0 0 0 0 0 0 1-0 0 0 0 1 0
LN11	0 0 1-1 0 0-0 1-0 0 1-0 1 0-0 0 0 1-1 0-0 0 0 1 0 0 0-0 1 0 0-0 1 0 0 0 0 0 0 0-0 0 1 0 0 0-0 0 1 0-0 1 0 0-0 0 0 1 0 0 0-0 0 0 0 1 0
LN12	0 0 1-0 1 0-1 0-1 0 0-0 1 0-0 0 1 0-1 0-0 0 0 1 0 0 0-0 0 0 1-0 0 1 0 0 0 0 0 0 0-0 0 0 1 0 0 0 0-0 0 1 0-0 0 1 0-0 0 0 0 0 0 0-0 1 0 0 0
LN13	0 0 1-1 0 0-1 0-0 0 1-0 0 1-0 1 0-1 0-0 0 0 0 1 0 0 0 1-0 0 0 1 0 0 0 0 0 0-0 0 1 0 0 0-0 0 1 0-0 1 0 0-0 0 1 0 0 0 0-0 1 0 0 0
LN14	0 0 0-0 1 0-0 1-0 0 1-0 1 0-0 0 1 0-1 0-0 0 0 1 0 0 0-0 0 0 1-0 0 0 1 0 0 0 0 0 0-0 1 0 0 0 0-0 0 1 0-0 1 0 0-0 0 1 0 0 0 0-0 1 0 0 0
LN15	1 0 0-0 1 0-0 1-0 0 1-0 1 0-0 0 1 0-1 0-0 0 0 1 0 0 0-0 0 0 0-0 1 0 1 0 0 0 0 0 0-1 0 0 0 0-0 0 1 0-0 0 1 0-0 0 0 1 0 0 0-0 1 0 0 0

续表

代号	GBssr-MB87-GBssr-MB91-P3-581-P3-627-P3-765-VR040-VR304-CEDG048-CEDG178-CEDG006-CEDG244-CEDG010-CEDG154-CEDG156-CEDG228
LN16	0 0 1-1 0 0-0 1-0 0 1-0 1 0-0 0 1 0-1 0-0 0 0 1 0 0 0-0 0 0 1-0 0 1 0 0 0 0 0 0-0 0 0 1 0 0 0 0 0-0 0 0 1 0-0 0 1 0-0 0 0 1 0 0 0-0 1 0 0 0 0
LN17	0 0 1-0 1 0-0 1-0 0 1-0 1 0-1 0 0 0-1 0-0 0 1 0 0 0 0-0 0 0 1-0 1 0 0 0 0 0 0 0-0 0 0 0 0 0 1 0 0-1 0 0 0 0-0 0 1 0-0 0 0 1 0 0 0-0 1 0 0 0 0
LN18	0 0 1-0 1 0 0-1 0 0 1-0 1 0-0 0 1 0-1 0-0 0 0 1 0 0 0-0 0 0 1-0 1 0 0 0 0 0 0 0-0 0 0 0 0 0 1 0-0 0 0 0 1-0 0 1 0-0 0 0 1 0 0 0-0 1 0 0 0 0
LN19	0 0 1-0 1 0-1 0-0 0 1-0 1 0-0 1 0 0-1 0-0 0 0 1 0 0 0-0 1 0 0-0 1 0 0 0 0 0 0 0-0 0 0 0 0 0 1 0 0-0 0 0 1 0-0 1 0 0-0 1 0 0 0 0 0-0 0 0 0 1 0
LN20	0 0 1-0 1 0-1 0-0 0 1-0 1 0-0 0 1 0-1-0 0 0 1 0 0 0-0 1 0 0-0 0 1 0 0 0 0 0 0-0 1 0 0 0 0 0 0 0-0 0 0 1 0-0 1 0 0-0 0 0 1 0 0 0-0 0 0 0 1 0
LN21	0 0 1-0 1 0-0 1-0 0 1-0 1 0-0 0 1 0-1-0 0 0 1 0 0 0-0 0 0 1-0 1 0 0 0 0 0 0 0-0 0 0 1 0 0-0 0 0 1 0-0 0 1 0-0 0 0 1 0 0 0-0 1 0 0 0 0
LN22	1 0 0-0 1 0-0 1-0 0 1-0 1 0-0 0 1 0-1 0-0 0 0 1 0 0 0-0 0 0 1-0 1 0 0 0 0 0 0 0-0 0 1 0 0 0 0 0-0 0 0 1 0-0 0 1 0-0 0 0 1 0 0 0-0 1 0 0 0 0
LN23	1 0 0-0 1 0-1 0-0 0 1-0 1 0-0 0 1 0-1 0-0 0 0 1 0 0 0-0 0 0 1-0 1 0 0 0 0 0 0 0-0 0 0 1 0 0-0 0 0 1 0-0 1 0 0-0 1 0 0 0 0 0-0 1 0 0 0 0
LN24	0 0 1-0 1 0-11-1 0 1-0 1 0-0 0 1 0-1 0-0 0 0 1 0 0 0-0 0 0 1-0 1 0 0 0 1 0 0 0-0 1 0 0 0 0 1 0 0-0 0 0 1 0-0 1 1 0-0 0 0 1 0 0 0-0 1 0 0 0 0
LN25	0 0 1-0 1 0-1 0-0 0 1-0 1 0-0 0 1 0-1-0 0 0 0 0 1 0-0 1 0 0-0 0 0 0 1 0 0 0 0-0 1 0 0 0 0 0 0 0-0 0 1 0 0-0 1 0 0-0 0 0 1 0 0 0-0 1 0 0 0 0
LN26	1 0 1-0 1 0-0 1-0 0 1-0 1 0-0 0 1 0-1 0-0 0 0 1 0 1 0-0 1 0 1-0 1 0 0 0 0 0 0 0-0 0 0 1 0 0-0 0 0 1 0-0 1 1 0-0 1 0 0 0 0 0-0 1 0 0 0 0
LN27	0 0 1-11 0-1 0-0 0 1-0 1 0-0 0 1 0-1-0 0 0 1 0 0 0-0 1 0 0-0 0 0 0 0 0 1 0 0-0 1 0 0 0 0 0 0 0-0 0 0 0 0 0-0 0 1 0-0 0 1 0-0 1 0 0 0 0 0-0 1 0 0 0 0
LN28	1 0 0-0 1 0-0 1-0 0 1-0 0 1-0 0 0 1-1 0-0 0 0 1 0 0 0-0 1 0 0-0 1 0 0 0 0 0 0 0-0 0 0 1 0-0 0 1 0 0-0 1 0 0-0 0 0 0 0 0 1-0 0 0 0 1 0
LN29	1 0 0-0 1 0-1 0-0 0 1-0 0 1-0 0 0 1-1 0-0 0 0 1 0 0 0-0 1 0 0-0 1 0 0 0 0 0 0 0-0 0 0 1 0 0-0 0 0 1 0-0 0 1 0-0 1 0 0 0 0 0-0 1 0 0 0 0
LN30	0 0 1-1 0 0-1 0-1 0 0-0 1 0-0 0 1 0-1 0-0 0 0 1 0 0 0-0 1 0 0-0 1 0 0 0 0 0 0 0-0 0 0 1 0 0 0-0 0 0 0 1 0 0 0-0 0 1 0-0 0 0 1 0 0 0-0 1 0 0 0 0

续表

代号	GBssr-MB87-GBssr-MB91-P3-581-P3-627-P3-765-VR040-VR304-CEDG048-CEDG178-CEDG006-CEDG244-CEDG010-CEDG154-CEDG156-CEDG228
LN31	0 0 1-0 1 0-1 0-1 0 0-0 1 0-0 0 0 1-0 1-0 0 0 1 0 0 0-0 1 0 0-0 0 0 0 0 1 0 0-0 1 0 0 0 0 0 0-0 0 0 1 0-0 1 0 0-0 0 0 1 0 0 0-0 1 0 0 0 0
LN32	0 0 1-0 1 0-0 1-0 0 1-0 1 0-0 0 1 0-0 1-0 0 0 1 0 0 0-0 1 0 0-0 1 0 0 0 0 0 0-0 0 0 0 0 0 1 0 0-0 0 0 1 0-0 0 1 0-0 0 1 0 0 0 0-0 1 0 0 0 0
LN33	0 0 1-0 1 0-1 0-0 0 1-0 1 0-0 0 1 0-1 0-0 0 0 1 0 0 0-0 0 0 1-0 1 0 0 0 0 0 0 0-0 0 0 0 0 1 0 0 0-0 0 1 0 0-0 0 1 0 0 0-0 1 0 0 0 0
LN34	1 0 0-0 1 0-0 1-0 0 1-0 1 0-0 0 1 0-1 0-0 0 0 1 0 0 0-0 1 0 0-0 1 0 0 0 0 0 0 0-0 0 0 0 0 0 1 0 0-0 0 1 0 0-0 0 1 0-0 1 0 0 0 0-0 1 0 0 0 0
LN35	0 0 1-0 1 0-0 1-0 0 1-0 1 0-0 0 1 0-1 0-0 0 0 1 0 0 0-0 1 0 0-0 1 0 0 0 0 0 0 0-0 0 0 0 0 0 1 0 0-0 0 1 0 0-0 0 1 0-0 1 0 0 0 0-0 1 0 0 0 0
LN36	1 0 0-0 1 0-0 1-0 0 1-0 1 0-0 0 1 0 0-0 0 0 1 0-0 0 0 1 0 0 0-0 0 0 1-0 1 0 0 0 0 0 0 0-0 0 0 1 0 0 0 0 0-0 0 0 1 0-0 0 1 0-0 0 0 1 0 0 0-0 1 0 0 0 0
LN37	0 0 1-0 1 0-1 0-0 0 1-0 11-0 0 0 1-11-0 0 0 1 0 1 0-0 0 0 1-0 0 1 0 1 0 0 0 0-0 0 0 0 0 1 0 0 0-0 0 1 0-0 1 0 0-0 0 0 1 0 0 0-0 1 0 0 0 0
LN38	0 0 1-0 1 0-0 1-0 0 1-0 1 0-0 0 0 1-0 1-0 0 0 1 0 0 0-0 0 0 1-0 0 0 0 1 0 0 0 0-0 0 0 0 1 0 0 0 0-0 0 0 1 0-0 0 1 0-0 0 0 1 0 0 0-0 1 0 0 0 0
LN39	1 0 0-0 1 0-1 0-0 0 1-0 1 0-0 1 0 0-0 1-0 0 0 1 0 0 0-0 0 0 1-0 0 0 0 0 0 1 0 0-0 1 0 0 0 0 0 0-0 0 0 1 0-0 1 0 0-0 1 0 0 0 0 0-0 0 0 0 1 0
LN40	0 0 1-0 1 0-0 1-0 0 1-0 1 0-1 0 0 0-1 0-0 1 0 0 0 0-0 1 0 0-0 1 0 0 0 0 0 0 0-0 0 0 1 0 0-0 0 1 0-0 1 0 0-0 0 0 1 0 0 0-0 1 0 0 0 0
LN41	0 1 0-0 1 0-0 1-0 0 1-0 1 0-0 0 1 0-1 0-0 0 0 0 0 0 0 0-0 0 1-0 1 0 0 0 0 0 0 0-0 0 0 1 0 0 0 0 0-0 0 0 1 0-0 0 1 0-0 0 0 1 0 0 0-0 1 0 0 0 0
LN42	1 0 0-0 0 0-0 1-0 0 1-0 1 0-0 0 1 0-1 0-0 0 0 1 0 0 0-0 0 0 1-0 1 0 0 0 0 0 0 0-0 0 0 1 0 0 0 0 0-0 0 0 1 0-0 0 0 1-0 0 0 1 0 0 0-0 1 0 0 0 0
LN43	1 0 1-0 1 0-0 1-0 0 1-0 1 0-0 0 1 0-1 0-0 0 0 1 0 0 0-0 0 0 1-0 1 0 0 0 0 0 0 0-0 0 0 1 0 0 0 0 0-0 0 0 1 0-0 0 1 0-0 0 0 1 0 0 0-0 1 0 0 0 0
LN44	0 0 1-1 0 0-1 0-0 0 1-0 1 0-0 0 1 0-1 0-0 0 1 0 0 0 0-0 0 0 1-0 0 0 1 0 0 0 0-0 0 0 0 1 0 0 0-0 0 1 0 0 0-0 0 1 0-0 1 0 0-0 0 0 1 0 0 0-0 1 0 0 0 0
LN45	0 0 1-0 1 0 0-1 0 0-1 0-0 0 1 0-1 0-0 0 0 1 0 0 0-0 1 0 1-0 1 0 0 0 0 0 0 0-0 1 0 0 1 0 0 0-0 0 1 0 1-0 0 1 0-0 0 0 1 0 0 0-0 1 0 0 0 0

续表

代号	GBssr-MB87-GBssr-MB91-P3-581-P3-627-P3-765-VR040-VR304-CEDG048-CEDG178-CEDG006-CEDG244-CEDG010-CEDG154-CEDG156-CEDG228
LN46	1 0 0-0 1 0-1 0-0 0 1-0 1 0-0 1 0 0-0 1-0 0 0 1 0 0 0-0 0 0 1-0 0 0 0 0 0 1 0 0-0 1 0 0 0 0 0 0-0 0 0 1 0-0 1 0 0-0 1 0 0 0 0 0-0 0 0 0 1 0
LN47	0 0 0-0 0 0-0 0-0 1 0-1 0 0-0 0 0 0-0 0-0 0 0 0 0 0 0-0 0 1 0-1 0 0 0 0 0 0 0 0-0 0 0 0 0 0-0 0 0 0 0-0 0 0 0-0 0 0 0 0 0 0-1 0 0 0 0 0
LN48	1 0 0-0 1 0-0 1-0 0 1-0 1 0-0 0 1-0 1-0 0 0 1 0 0 0-0 1 0 0-0 1 0 0 0 0 0 0 0-0 0 0 1 0 0 0 0 0-0 0 0 1 0-0 0 1 0-0 0 0 1 0 0 0-0 0 0 0 1 0

第三节 绿豆品种身份证构建

按上文的引物顺序将每对引物在156份参试绿豆品种中扩增出的等位基因按片段大小升序排列，依次编号。将每个样品在15对引物上扩增条带的数据串联起来，即得到由至少15位数字组成的分子身份证。黑龙江2号（C0368）的分子身份证为122323142274225，第一个数字是"1"，即黑龙江2号（C0368）在1号引物GBssr-MB87上扩增出在片段排列中排位第1的片段，其余14位以此类推。156份参试绿豆品种的分子身份证见表11-3。

表11-3 156份参试绿豆品种的分子身份证

序号	系统编号	名称	分子身份证
1	C0368	黑龙江2号	122323142274225
2	C0369	黑龙江3号	1221/32/33/42422/534242/4
3	C0370	黑龙江4号	321323242224446
4	C0825	中粒绿豆	121322244724225

续表

序号	系统编号	名称	分子身份证
5	C0826	大绿豆	121323142224322
6	C0827	大粒绿豆	122323144224322
7	C0828	大绿豆	122323144274322
8	C0829	大绿豆	321323242324245
9	C0830	大绿豆	3213231442732/342
10	C0831	中粒绿豆	322321144373342
11	C0832	绿豆	321323254564245
12	C0833	小绿豆	321323254664245
13	C0834	绿豆	121322244724225
14	C0835	绿豆	321323254664245
15	C0836	大绿豆	122323144274322
16	C0837	小绿豆	122323242274225
17	C0838	小粒绿豆	321323252954245
18	C0840	3129	321323252954245
19	C0841	3136	122334152542343
20	C0842	3137	121322244724225
21	C0843	小粒绿豆3号	331322142564342
22	C0844	小绿豆	321322142564342
23	C0845	大绿豆	121322242824222
24	C0846	绿豆	121322244724225
25	C0847	大绿豆	321323262523242
26	C0848	62绿1	121322251724225
27	C0849	62绿3	321323254664245

续表

序号	系统编号	名称	分子身份证
28	C0850	62绿6	321323254664245
29	C0852	63绿8	122323144254342
30	C0854	63绿10	311123252723245
31	C0856	63绿17	321323242324242
32	C0857	63绿20	321124242724242
33	C0858	小绿豆	121123152353246
34	C0859	小绿豆	3213231/242224342/6
35	C0688	绿豆	122323144214322
36	C0689	绿豆	1223231/242/42742/322/5
37	C0690	小绿豆	122323142274322
38	C0692	绿豆	122324242563175
39	C0693	吉豆	3223231*477*224
40	C0694	大绿豆	1/322323/4142/43/72/642/32/41
41	C0700	鹦哥豆	122323134274321
42	C0701	小明粒	322323144274321
43	C0702	小绿豆	122323144274321
44	C0703	大绿豆	321323242324245
45	C0704	大粒豆	122323144274322
46	C0705	小鹦哥豆	321323242324245
47	C0706	小鹦哥豆	1/322**31*22**322
48	C0707	小绿豆	3223232*232*24*
49	C0708	小绿豆	32212314422*431
50	C0709	大眼绿豆	321323242324246
51	C0710	绿豆	322321154273341

续表

序号	系统编号	名称	分子身份证
52	C0711	鹦哥绿	322321154273341
53	C0712	绿小豆	122322142563145
54	C0713	青绿豆	332323144295342
55	C0714	青绿豆	321323242324245
56	C0715	绿豆	321323242324245
57	C0716	小绿豆	122323142274322
58	C0724	小绿豆	21/21/321/31/232/42/53/642/31/42/5
59	C0725	小绿豆	321324154724345
60	C0730	绿豆	122323242274225
61	C0731	小绿豆	321/212316432/74332
62	C0732	鹦哥豆	32132342324245
63	C0733	鹦哥豆	322321154273342
64	C0734	小绿豆	31/211/3231/24421432/42
65	C0740	小绿豆	322323244663342
66	C0742	小绿豆	121322242563342
67	C0743	大绿豆	122324232584125
68	C0744	小粒绿豆	1/321/23221/2442/72/74222/5
69	C0745	小粒绿豆	122323142274322
70	C0747	绿小豆	31/213231/22/42/4334242/5
71	C0748	绿豆	121322254765242
72	C0749	绿豆	121322254765242
73	C0750	绿小豆	121322242354242
74	C0751	绿小豆	121322242354242
75	C0752	绿小豆	321323242224245
76	C0753	小绿豆	3213231/244564342

续表

序号	系统编号	名称	分子身份证
77	C0754	小绿豆	122324242563175
78	C0756	绿小豆	11/221/323142/472/742/322
79	C0757	小绿豆	122323144244342
80	C0759	小绿豆	121322242354232
81	C0771	小绿豆	1/321/2322/3242543342/5
82	C0776	黄绿豆	121324244463342
83	C0778	黄绿豆	321124232724242
84	C0780	黄绿豆	321124242724242
85	C0781	黄绿豆	321124242724242
86	C0782	黄绿豆	321124242724242
87	C4445	GCM8703-H-1	322323142274322
88	C4447	GCM8703-H-3	322323142274322
89	C4448	GCM8703-H-3	321123144734345
90	C4449	GCM8703-H-3	321123144724345
91	C4450	GCM8703-H-6	122323142274322
92	C4451	GCM8703-H-6	322333112274322
93	C4452	GCM8703-H-7	322323112274322
94	C4453	GCM8703-H-7	322323142274322
95	C4454	GCM8703-H-8	122323142274322
96	C4455	GCM8703-H-8	322323142274322
97	C4456	GCM8703-H-8	322323242274245
98	C4457	GCM8703-H-9	322323142274322
99	C4458	GCM8708-2-1	3223231/242324222
100	C4459	GCM8806-7-2	321123144724345
101	C0720	小绿豆	222323144244342

续表

序号	系统编号	名称	分子身份证
102	C0721	小绿豆	2/31/22323142/424432/42
103	C0723	小绿豆	322123144224312
104	C0722	小绿豆	222123144724225
105	C0726	小绿豆	321323242624322
106	C0727	小绿豆	221323144284222
107	C0728	小绿豆	321322242323246
108	C0729	小绿豆	222323134244342
109	C0661	鹦哥绿	1/3221/321/3142/425/73242
110	C0663	小绿豆	322121142273241
111	C0664	明绿与暗绿	322323132354352
112	C0665	绿豆	322121/31442732/342
113	C0667	小绿豆	1/322321/31/2442/563242/5
114	C0668	大绿豆	122324244262375
115	C0669	小绿豆	1/32212/33/414/7455/932/332/5
116	C0670	小绿豆	3223231422532/332
117	C0671	绿豆	321/21/321/31/2242742/342
118	C0672	绿豆	122124242262375
119	C0673	绿豆	312324142264245
120	C0674	鹦哥绿	321123144354352
121	C0676	绿豆	311323154564232
122	C0677	小绿豆	*22323134554232
123	C0784	撄哥豆	122323144244342
124	C0785	绿豆	312323144344342
125	C0786	鹦哥绿	322321134271342
126	C0787	明绿豆	322323144285342

续表

序号	系统编号	名称	分子身份证
127	C0788	明绿豆	321322142274225
128	C0789	小绿豆	321323242324245
129	C3806	绿豆	322323244274342
130	C3807	绿豆	122323144244342
131	C3808	绿豆	121323144274222
132	C3809	小绿豆	321/21/3231442/62/74242
133	C3810	绿豆	321323262523242
134	C3811	绿豆	12232314/62/4274222
135	C3812	绿豆	31/21323242724322
136	C3813	绿豆	122334142283275
137	C3814	绿豆	121324132274322
138	C3815	绿豆	311123142264342
139	C3816	绿豆	321124242724242
140	C3817	绿豆	322323242274332
141	C3818	乌绿豆	321323144263342
142	C3819	绿豆	122323142274322
143	C3823	绿豆	322323152274322
144	C3824	绿豆	122323144244342
145	C3825	绿豆	32132/341/24/643/564242
146	C3826	绿豆	322324244554342
147	C3827	绿豆	121322244724225
148	C3828	绿豆	322321132274242
149	C3829	绿豆	22232314244342
150	C3832	绿豆	132323144244442
151	C3833	绿豆	1/322323144244342

续表

序号	系统编号	名称	分子身份证
152	C3835	绿豆	311323134564242
153	C3837	绿豆	322323142/422/63/5342
154	C3838	小绿豆	121322244724225
155	C3839	绿豆	***21***31****1
156	C3840	毛绿豆	122324242244345

注：*表示没有电泳条带。

第四节 小结

DNA指纹图谱能够在分子水平上反映出生物个体间差异，多态性丰富、环境稳定性强，在品种真伪鉴定、种权保护、产地溯源研究中发挥重要作用。本研究将15个SSR标记扩增的电泳结果按照一定规律制成类似于人类指纹的图谱即SSR指纹图谱，对其进行数字化转化即形成了分子身份证，具有高度的遗传稳定性及个体特异性，对绿豆品种真伪鉴定及身份识别具有重要意义。然而本研究中选用的15对核心引物并未将参试的156个品种完全区分，少数品种的指纹图谱及分子身份证不具备唯一性。究其原因，一方面可能是由于绿豆种质的基因组结构特性决定的；另一方面可能是因为绿豆种质研究起步较晚，多态性引物的开发还不够全面，目前公开的绿豆SSR引物多态性水平较低，鉴别能力较弱，同时也可能是因为参试品种全部来自东北地区，品种间遗传背景相似，甚至在长期的发展种植过程中出现"同种异名"情况。研究构建了SSR指纹图谱及分子身份证，除个别品种外，大部分具有唯一性，数据精确、检测效率高、鉴别能力强、结果直观清晰，为绿豆品种真伪鉴定、种权保护提供了有力保障。目前，分子标记所扩增的序列具体与农作物的哪个性状相关联尚不清楚，且分子标记的数字化具有局限性，不能反映一个品种的全部信息，因此在今后的研究中应将指纹图谱与田间观察的表现型相结合，同时增加品种的其他重要商品属性信息，以不断完善绿豆品种鉴定技术体系，使品种的身份信息更加详细、准确，为绿豆优良品种保护、溯源管理等提供理论依据。

绿豆已成为我国种植结构调整及农民脱贫致富的重要经济作物，国家已把绿豆列入现代农业产业技术体系中，绿豆的育种研究取得了显著成效。但从近年来新品种选育情况来看，资源利用率还比较低，一些潜在的优异资源还没有被发掘出来。应继续加强绿豆种质资源挖掘力度，继续搜集和鉴定资源的遗传多样性，为绿豆育种提供特征明确的优良种质。

参考文献

[1]李龙, 王兰芬, 武晶, 等. 普通菜豆抗旱生理特性[J]. 作物学报, 2014, 40 (4): 702-710.

[2]李龙, 王兰芬, 武晶, 等. 普通菜豆种质资源芽期抗旱性鉴定[J]. 植物遗传资源学报, 2013, 14 (4): 600-605.

[3]张赤红, 曹永生, 宗绪晓, 等. 普通菜豆种质资源形态多样性鉴定与分类研究[J]. 中国农业科学, 2005, 38 (1): 27-32.

[4]王春明, 刘洋. 蚕豆组成及加工利用进展[J]. 农业机械, 2011 (17): 91-93.

[5]M W Blair, L M Díaz, H R Gill, et al. Genetic Relatedness of Mexican Common Bean Cultivars Revealedby Microsatellite Markers[J]. Crop Science, 2011, 51(6): 2655-2667.

[6]Galeano Carlos H, Fernandez Andrea C, Franco Herrera Natalia, et al. Saturation of an intra-gene pool linkage map: towards a unified consensus linkage map for fine mapping and synteny analysis in common bean [J]. Plos One, 2011, 6 (12): 1427-1430.

[7]Yu K, Park S J, Poysa V, et al. Integration of simple sequence repeat (SSR) markers into a molecular linkage map of common bean (Phaseolus vulgaris L.) [J]. Journal of Heredity, 2000, 91 (6): 429-434.

[8]陈禅友, 宋利平, 胡志辉. 菜豆种质盐溶蛋白遗传多态性分析[J]. 江汉大学学报(自然科学版), 2011, 39 (3): 86-92.

[9]王述民, 张亚芝, 刘绍文, 等. 普通菜豆优异种质联合鉴定与评价[J]. 作物品种资源, 1997, 3 (2): 6-8.

[10]张赤红, 曹永生, 宗绪晓, 等. 普通菜豆种质资源形态多样性鉴定与分类研究[J]. 中国农业科学, 2005, 38 (1): 27-32.

[11]栾非时, 崔成焕, 王金陵. 菜豆种质资源形态标记的研究[J]. 东北农业大学学报, 2001, 32 (2): 134-138.

[12]刘日林, 章玉婷, 潘凌洁, 等. 低温对不同抗冷性菜豆品种生理机制的影响[J]. 浙江农业学报, 2015, 27 (2): 189-193.

[13]刘大军, 冯国军, 叶永亮. 菜豆抗冷性的苗期鉴定[J]. 中国蔬菜, 2009（6）: 55-58.

[14]徐新新, 陈泓宇, 王述民, 等. 菜豆种子普通细菌性疫病菌检测[J]. 植物病理学报, 2013, 43（1）: 11-19.

[15]冯东岳. 大豆和芸豆子叶中抗毒素诱导及菜豆素抗肿瘤活性研究[D]. 北京: 中国农业科学院, 2013.

[16]郭春生, 于蕾妍, 葛蔚, 等. 芸豆植物凝集素的提取及血凝效果研究[J]. 中国兽药杂志, 2008, 43（1）: 49-50.

[17]朱岩芳. 作物品种分子标记鉴定及指纹图谱构建研究[D]. 杭州: 浙江大学, 2013.

[18]梅洪娟, 马瑞君, 庄东红, 等. 指纹图谱技术及其在植物种质资源中的应用[J]. 广东农业科学, 2014, 41（3）: 159-164.

[19]成浩, 王丽鸳, 周健, 等. 基于化学指纹图谱的绿茶原料品种判别分析[J]. 中国农业科学, 2008（8）: 2413-2418.

[20]Alpana Srivastaw, Himanshu Misra, Ram K Verma. Chemical fingerprinting of andrographis paniculata using HPLC, HPTLC and densitometry[J]. Phylochemical analysis, 2004, 15（5）: 280-285.

[21]Daniele Del Rio, Amanda J Stewart, William Mullen. HPLC-MS analysis of phenolic compounds and purine alkaloids in green and black tea[J]. Journal of Agricultural & Food Chemistry, 2004, 52（10）: 2807-2815.

[22]Liu Fei, Ye Xujun, He Yong, et al. Application of visiblenear infrared spectroscopy and chemometric calibrations for variety discrimination of instant milk teas[J]. Journal of Food Engineering, 2009, 93（2）: 127-133.

[23]Borse B B, Rao L J M, Nagalakshmi S, et al. Fingerprint of black teas from India: identification of the regiospecific characteristics[J]. Food Chemistry, 2002, 79（4）: 419-424.

[24]张丽艳, 罗君, 李健, 等. 吴茱萸药材薄层色谱指纹图谱研究[J]. 中国实验方剂学志, 2011, 17（12）: 72-75.

[25]查芳芳. 黄山贡菊高效液相色谱指纹图谱的建立[J]. 食品科学, 2011, 32（20）: 146-150.

[26]付绍平, 杨博, 陈彤, 等. 北五味子的液相色谱指纹图谱的建立[J]. 色谱, 2008, 26（1）: 64-67.

[27]王苏静, 常世卿. 中药色谱指纹图谱技术与应用[M]. 郑州: 郑州大学出版

社，2008.

[28] 齐海燕，武亚会. 花椒的红外光谱指纹图谱研究[J]. 中国调味品，2014，39（5）：111-113.

[29] 周子立，张瑜，何勇，等. 基于近红外光谱技术的大米品种快速鉴别方法[J]. 农业工程学报，2009，25（8）：131-135.

[30] Adams M L, Zhao F J, Mc Grath S P, et al. Predicting cadmium concentrations in wheat and barley grain using soil properties[J]. Journal of Environmental Quality，2004，33（33）：532-541.

[31] 郭波莉. 牛肉产地同位素与矿物元素指纹溯源技术研究[D]. 北京：中国农业科学院，2007.

[32] 赵海燕，郭波莉，张波，等. 小麦产地矿物元素指纹溯源技术研究[J]. 中国农业科学，2010，43（18）：3817-3823.

[33] He Wei, Zhou Jian, Cheng Hao, et al. Validation of origins of tea samples using partial least squares analysis and Euclidean distance method with nearinfrared spectroscopy data [J]. Spectrochimical Acta Part A Molecular & Biomolecular Spectroscopy，2012，86（3）：399-404.

[34] 许洋. 蛋白质指纹图谱技术在实验诊断与临床医学中的研究进展[J]. 基础医学与临床，2007，27（2）：134-142.

[35] 周智勇. 应用蛋白指纹图谱技术对结直肠癌血清蛋白质组的研究[D]. 南昌：南昌大学，2012.

[36] 谷丽佳，王文和，王树栋. 同工酶分析法鉴定百合杂种F_1代[J]. 中国农学通报. 2012，28（1）：148-152.

[37] 梅德圣，李云昌，陈玉峰，等. 用过氧化物酶同工酶和SSR标记鉴定中油杂12种子纯度[J]. 农业生物技术学报，2010，18（4）：815-821.

[38] 李法曾，贺新强，倪陈凯，等. 山东省常见豆科植物叶蛋白产量及蛋白质含量的初步研究[J]. 山东科学，1999，12（2）：30-33.

[39] 陈瑜. 碱溶酸沉法提取几种豆科牧草叶蛋白之最佳工艺研究[D]. 长沙：湖南农业大学，2010.

[40] 毛小涛，王照兰，杜建材，等. 不同品系扁蓿豆种子蛋白指纹图谱研究[J]. 中国草地学报，2009，31（6）：44-51.

[41] 郎明林，卢少源，张荣芝，等. 中国北方冬麦区主栽品种醇溶蛋白指纹图谱数据库的建立[J]. 中国农业科学，2002，35（3）：238-244.

[42]聂琼,徐如宏,柏光晓,等. 玉米SSR与盐溶蛋白指纹图谱分析[J]. 山地农业生物学报, 2006, 25 (6): 471-474.

[43]Huang D N, Zhu B, Yang W, et al. Introduction of Cecropin B gene into rice (Oryza sativa L) by artical gun bombardment and analysis of transgenic plants [J]. Sci China (Ser C), 1996, 39 (6): 652-661.

[44]谢宗铭,陈福隆,孙宝启,等. 种子蛋白乳酸尿素聚丙烯酰胺凝胶电泳技术及其对向日葵自交系和杂交种的鉴定[J]. 中国油料作物学报, 1999, 21 (3): 30-33.

[45]王鹤鹃. 杂交油菜品种纯度聚丙烯酰胺凝胶电泳鉴定方法的研究[D]. 合肥: 安徽农业大学, 2008.

[46]王鹤鹃,朱宗河,郑文寅,等. 利用贮藏蛋白电泳技术鉴定杂交油菜品种的研究[J]. 安徽农业科学, 2007, 35 (33): 10633-10635.

[47]王晓慧,汤晓闯,杨恩秀,等. 随机扩增多态性DNA标记技术及其在药用植物研究中的应用[J]. 时珍国医国药, 2009, 20 (3): 618-620.

[48]Shailesh K Tiwari, J LKarihaloo, Nowsheen Hameed, et al. Molecular Characterization of Brinjal (Solanum melongena L) Cultivars using RAPD and ISSR Markers[J]. Journal of Plant Biochemistry and Biotechnology, 2009, 18 (2): 189-195.

[49]A M Gorji, P Poczai, Z Polgar, et al. Efficiency of Arbitrarily Amplified Dominant Markers (SCOT, ISSR and RAPD) for Diagnostic Fingerprinting in Tetraploid Potato[J]. American Journal of Potato Research, 2011, 88 (3): 226-237.

[50]王红意,翟红,王玉萍,等. 30个中国甘薯主栽品种的RAPD指纹图谱构建及遗传变异分析[J]. 分子植物育种, 2009, 7 (5): 879-884.

[51]侯万伟,刘玉皎,李萍,等. 12个蚕豆品种RAPD指纹图谱的构建[J]. 江苏农业科学, 2011, 39 (3): 48-50.

[52]Marc Jérôme, Sabrina Macé, Xavier Dousset, et al. Genetic diversity analysis of isolates belonging to the Photobacterium phosphorum species group collected from salmon products using AFLP fingerprinting[J]. International Journal of Food Microbiology, 2016, 217: 101-109.

[53]Vittorio Lucchini. AFLP: a useful tool for biodiversity conservation and management[J]. Comptes rendus Biologies, 2003, 1 (8): 43-48.

[54]陈碧云,张冬晓,伍晓明,等. 89份油菜区试品种的AFLP指纹图谱分析[J]. 中国油料作物学报, 2007, 29 (2): 115-120.

[55]苏永涛,刘杨,庄天明,等. 栽培番茄品种指纹图谱的AFLP分析[J]. 中国蔬菜,2010,18:34-39.

[56]马明臻. 梨品种AFLP指纹图谱的构建[D]. 保定:河北农业大学,2005.

[57]C Tan,Y Wu,CM Taliaferro,et al. Development of simple sequence repeat markers for bermudagrass from its expressed sequence tag sequences and preexisting sorghum SSR markers [J]. Molecular Breeding,2012,29(1):23-30.

[58]Jiang,Shu-kun,Huang,et al. Development of a Highly Informative Microsatellite(SSR)Marker Framework for Rice(Oryza sativa L.)Genotyping[J]. Agricultural Sciences in China,2010,9(12):1697-1704.

[59]S K Gupta,R Bansal,T Gopalakrishna. Development and characterization of genic SSR markers for mungbean(Vigna radiate L.)Wilczek[J]. Euphytica,2014,195(2):245-258.

[60]Romero C,Pedryc A,Munoz V. Genetic diversity of different apricot geographical groups determined by SSR markers[J]. Genome,2003,46(2):244-252.

[61]Norero N,M alleville J,H uarte M,et al. Cost efficient potato(Sola num tu berosum L.)cultivar identification by microsatellite amplification[J]. Potato Research,2002,45(2):131-138.

[62]张玉翠. 我国棉花品种SSR指纹数据库的初步构建[D]. 北京:中国农业科学院,2012.

[63]蒋超,黄璐琦,袁媛,等. 酶切-熔解曲线分析:一种新的SNP分型方法及其在中药材鉴定中的应用[J]. 药学学报,2014(4):558-565.

[64]钟敏,程须珍,王丽侠,等. 绿豆基因组SSR引物在豇豆属作物中的通用性[J].作物学报,2012,38(2):223-230.

[65]杨彦伶,张亚东,张新叶. 杨树SSR标记在柳树中的通用性分析[J]. 分子植物育种,2008,6(6):1134-1138.

[66]Leila Medraoui,Mohammed Ater,Ouafae Benlhabib,et al. Evaluation of genetic variability of sorghum(Sorghum bicolor L. Moench)in northwestern Morocco by ISSR and RAPD markers[J]. Comptes rendus-Biologies,2007,330(11):789-797.

[67]M W Blair,O Panaud,S R McCouch. Inter simple sequence repeat(ISSR)amplification for analysis of microsatellite motif frequency and fingerprinting in rice(Oryza sativa L.)[J]. TAG Theoretical and Applied Genetics,1999,98

（98）：780-792.

[68] 刘巧红，程大友，杨林. 甜菜品种（系）的ISSR标记数字指纹图谱构建及聚类分析（英文）[J]. 农业工程学报，2012，28（32）：280-284.

[69] 陈龙正，徐海，宋波，等. 利用ISSR分子标记鉴定苦瓜杂交种纯度[J]. 南方农业学报，2013，44（12）：1949-1953.

[70] Manifesto M M, Schlatter A R, Hopp H E, et al. Quantitative evaluation of genetic diversity in wheat germplasm using molecular markers[J]. Crop Sci, 2001, 41（3）: 682-690.

[71] Yusuke Kurokawa, Tomonori Noda, Yoshiyuki Yamagata, et al. Construction of a versatile SNP array for pyramiding useful genes of rice[J]. Plant Science, 2016, 242: 131-139.

[72] 陈广凤，陈建省，田纪春. 小麦株高相关性状与SNP标记全基因组关联分析[J]. 作物学报，2015，41（10）：1500-1509.

[73] Sato P. A wholegenome SNP array（RICE 6 K）for genomic breeding in rice[J]. Plant Biotechnol J, 2014, 12（1）: 28-37.

[74] 张成才. 茶树SNP标记的开发与应用[D]. 北京：中国农业科学院，2012.

[75] 张玉翠. 我国棉花品种SSR指纹数据库的初步构建[D]. 北京：中国农业科学院，2012.

[76] 李彦锦，唐婷婷，刘本文，等. SRAP分子技术在植物基因组学研究中的应用[J]. 植物学研究，2013，2（3）：87-91.

[77] 齐兰，王文泉，张振文，等. 利用SRAP标记构建18个木薯品种的DNA指纹图谱[J]. 作物学报，2010，3（10）：1642-1648.

[78] 赵永国，郭瑞星，罗丽霞. 油莎豆SRAP指纹图谱构建及遗传多样性分析[J]. 植物遗传资源学报，2013，14（2）：222-225.

[79] 黄进勇，盖树鹏，张恩盈，等. SRAP构建玉米杂交种指纹图谱的研究[J]. 中国农学通报，2009，25（18）：47-51.

[80] Virginia Menzo, Angelica Giancaspro, Stefania Giove, et al. TRAP molecular markers as a system for saturation of the genetic map of durum wheat[J]. Euphytica, 2013, 194（2）: 151-160.

[81] 王亚楠，韩莹琰，范双喜，等. 紫色叶用莴苣遗传多样性及亲缘关系的TRAP分析[J]. 2015（3）：25-32.

[82] 庄杰云，施勇烽，应杰政. 中国主栽水稻品种微卫星标记数据库的初步构建

[J]. 中国水稻科学, 2006, 20 (5): 460-468.

[83] 丁丽红. 磁珠富集法开发菜豆SSR引物[D]. 武汉: 华中农业大学, 2013.

[84] 陈明丽, 王兰芬, 武晶, 等. 普通菜豆基因组SSR标记开发及在豇豆和小豆中的通用性[J]. 研究简报, 2014, 1-9.

[85] 陈明丽, 王兰芬, 武晶, 等. 普通菜豆基因组SSR标记开发及在豇豆和小豆中的通用性[J]. 作物学报, 2014, 40 (5): 924-933.

[86] J M Guerra Sanz. New SSR markers of Phaseolus vulgaris from sequence data bases[J]. Plant Breeding, 2004, 123 (1): 87-89.

[87] 王坤. 普通菜豆抗炭疽病基因的分子标记与定位研究[D]. 北京: 中国农业科学院, 2008.

[88] 高帆, 张宗文, 吴斌. 中国苦荞SSR分子标记体系构建及其在遗传多样性分析中的应用[J]. 中国农业科学, 2012, 45 (6): 1042-1053.

[89] 张赤红, 王述民. 利用SSR标记评价普通菜豆种质遗传多样性[J]. 作物学报, 2005, 31 (5): 619-627.

[90] 冯国军. 黑龙江优质菜豆种质资源研究及育种策略[D]. 哈尔滨: 东北林业大学, 2008.

[91] Botstein D, White R L, Skolnick M, et al. Construction of a genetic linkage map in man using restriction fragment length polymorphisms[J]. Am J Hum Genet, 1980, 32 (3): 314-331.

[92] Sharo, Pova, N MeMullen, et al. Development and map Ping of SSR markers for maize[J]. Plant Molecular Biology, 2002, 48 (3): 463-48.

[93] 韩晴. 国家甜、糯玉米区试品种DNA指纹库的研究[D]. 扬州: 扬州大学, 2011.

[94] 段艳凤. 中国马铃薯主要育成品种SSR指纹图谱构建与遗传关系分析[D]. 北京: 中国农业科学院, 2009.

[95] 巫桂芬, 徐鲜均, 徐建堂, 等. 利用SRAP、ISSR、SSR标记绘制黄麻基因源分子指纹图谱[J]. 作物学报, 2015, 41 (3): 367-377.

[96] 高源, 刘凤之, 王昆, 等. 基于TP-M13-SSR指纹图谱的中国原产苹果属植物分子身份证的建立[J]. 植物遗传资源学报, 2015, 16 (6): 1290-1297.

[97] 李茂柏, 王慧, 白建江, 等. 利用SSR分子标记构建水稻品种DNA指纹图谱的研究进展[J]. 中国稻米, 2011, 17 (1): 4-6.

[98] 杨阳, 刘振, 赵洋, 等. 湖南省主要茶树品种分子指纹图谱的构建[J]. 茶叶

科学, 2010, 30（5）: 367-373.

[99]张彦, 郭士伟, 何冰, 等. 利用SSR标记建立杂交水稻分子指纹图谱数据库[J].江苏农业学报, 2006, 22（2）: 181-183.

[100]章志芳. 14个茶树新品种在杭州的适应性及EST-SSR分子指纹图谱建立[D]. 北京: 中国农业科学院, 2011.

[101]K Zhang, L Zhang, T Yamada, et al. Efficiency of Iϵ promoter directed switch recombination in GFP expression based switch constructs works synergistically with other promoter and/or enhancer elements but is not tightlylinked to the strength of transcription[J]. European Journal of Immunology, 2002, 32（2）: 424-434.

[102]K Fiedler, W A Bekele, R Duensing, et al. Genetic dissection of temperature-dependent sorghum growth during juvenile development[J]. Theoretical & Applied Genetics, 2014, 127（9）: 1935-1948.

[103]孙加梅, 王雪梅, 王东健, 等. 谷子种质资源遗传多样性研究[J]. 山东农业科学, 2013, 45（3）: 33-37.

[104]刘敬科, 张玉宗, 刘莹莹, 等. 谷子蛋白组分分析研究[J]. 食品与机械, 2014, 30（6）: 39-42.

[105]李志勇, 谢华峰, 张力, 等. DNA分子标记技术在农作物品种鉴定上的应用[J]. 种子科技, 2010, 28（10）: 19-21.

[106]王东东, 李良秋, 马连营, 等. 大型真菌中SSR分子标记的开发与应用[J]. 微生物学通报, 2013, 40（4）: 646-654.

[107]Diethard Tautz. Hypervariabflity of simple sequences as a general source for polymorphic DNA markers[J]. Nucleic Acids Research, 1989, 16（17）: 6463-6471.

[108]刘闯萍, 王军. SSR标记及其在葡萄上的应用[J]. 果树学报, 2008, 25（1）: 93-101.

[109]陆敏佳, 蒋玉蓉, 陆国权, 等. 利用SSR标记分子藜麦品种的遗传多样性[J]. 核农学报, 2015, 29（2）: 260-269.

[110]Dutta S, Kumawat G, Singh B P, et al. Development of genic-SSR markers by deep transcriptome sequencing in pigeonpea [Cajanus cajan（L.）Millspaugh][J]. Bmc Plant Biology, 2011, 11（1）: 1-13.

[111]刘辉, 杨利, 平张滨. PCR及其改进技术在食品检测中的应用[J]. 食品与机械, 2008, 24（4）: 166-169.

[112] 杨文柱, 焦燕. SSR分子标记技术在生物遗传学领域的应用[J]. 安徽农业科学, 2012, 40 (2): 640-642.

[113] Heng-Sheng L, Chih-Yun C, Song-Bin C, et al. Development of Simple Sequence Repeats (SSR) Markers in Setaria italica (Poaceae) and Cross-Amplification in Related Species[J]. International Journal of Molecular Sciences, 2011, 12 (11): 7835-7845.

[114] 赵海艳, 吴明生, 宋歌, 等. 番茄品种SSR标记鉴定技术研究[J]. 中国蔬菜, 2015 (8): 22-27.

[115] D'Ennequin M L T, Panaud O, Toupance B, et al. Assessment of genetic relationships between Setaria italica and its wild relative S. viridis using AFLP markers[J]. Theoretical & Applied Genetics, 2000, 100 (7): 1061-1066.

[116] 李晓岚, 陆嘉惠, 谢良碧, 等. 4种甘草属植物EST-SSR引物开发及其亲缘关系分析[J]. 西北植物学报, 2015, 35 (3): 480-485.

[117] 李赛君, 雷雨, 段继华, 等. 基于EST-SSR的祁门种群体遗传多样性和亲缘关系分析[J]. 茶叶科学, 2015, 35 (4): 329-335.

[118] 罗兵, 孙海燕, 杨志刚, 等. 基于SSR标记的太湖稻区常规粳稻DNA指纹图谱构建及遗传相似性分析[J]. 南方农业学报, 2015, 46 (1): 9-14.

[119] 叶春秀, 李全胜, 李有忠, 等. 新疆早熟陆地棉SSR标记遗传多样性及群体结构分析[J]. 西南农业学报, 2015, 28 (3): 997-1002.

[120] 宗成堃, 宋振巧, 陈海梅, 等. 利用SSR、SRAP和ISSR分子标记构建首张丹参遗传连锁图谱[J]. 药学学报, 2015, 50 (3): 360-366.

[121] 阮泓越, 宛煜嵩, 贺辉群, 等. 14个微卫星DNA标记在猪个体识别和溯源中的应用研究[J]. 农业生物技术学报, 2010, 18 (6): 1129-1133.

[122] 程本义, 夏俊辉, 龚俊义, 等. SSR荧光标记毛细管电泳检测法在水稻DNA指纹鉴定中的应用[J]. 中国水稻科学, 2011, 25 (6): 672-676.

[123] 刘晓鑫, 谢传晓, 赵琦, 等. 基于SSR荧光标记技术的玉米群体混合样本基因频率分析方法[J]. 中国农业科学, 2008, 41 (12): 3991-3998.

[124] 赵久然, 王凤格, 易红梅, 等. 我国玉米品种标准DNA指纹库构建研究及应用进展[J]. 作物杂志, 2015 (2): 1-6.

[125] 赵檀, 金柳艳, 李远, 等. 基于全基因组的河北省小麦品种遗传多样性分析[J]. 植物遗传资源学报, 2015, 16 (1): 45-53.

[126] 郑永胜, 张晗, 王东建, 等. 基于荧光检测技术的小麦品种SSR鉴定体系的建立[J]. 中国农业科学, 2014, 47 (19): 3725-3735.

[127]徐海风,杨加银,程保山. 26份菜用大豆品种(系)指纹图谱的构建及其遗传多样性分析[J]. 江苏农业科学, 2014, 42(5): 145-148.

[128]陈亮,郑宇宏,范旭红,等. 大豆SSR指纹图谱身份证的研究进展与展望[J]. 大豆科技, 2015(2): 38-43.

[129]倪先林,赵甘霖,汪小楷,等. 42份糯高粱种质资源的SSR标记遗传多样性分析[J]. 分子植物育种, 2015, 31(9): 16-22.

[130]任红晓,程须珍,徐东旭,等. 应用SSR标记分析中国北方名优绿豆的遗传多样性[J]. 植物遗传资源学报, 2015, 16(2): 395-399.

[131]Garima Pandey, Gopal Misra, Kajal Kumari. Genome-wide development and use of microsatellite marker for large-scale genotyping applications in foxtail millet [setaria italica(L.)][J]. DNA Research, 2013(20): 197-207.

[132]孙清明,马文朝,马帅鹏,等. 荔枝EST资源的SSR信息分析及EST-SSR标记开发[J]. 中国农业科学, 2011, 44(19): 4037-4049.

[133]彭锁堂. 我国主要杂交水稻组合及其亲本SSR标记和纯度鉴定[J]. 中国水稻科学, 2003, 17(1): 1-5.

[134]罗兵,孙海燕,杨志刚,等. 基于SSR标记的太湖稻区常规粳稻DNA指纹图谱构建及遗传相似性分析[J]. 南方农业学报, 2015, 1: 9-14.

[135]陈怀琼,隋春,魏建和. 植物SSR引物开发策略简述[J]. 分子植物育种, 2009, 17(4): 845-851.

[136]王金彦,杨庆利,禹山林. 花生SSR分子标记的开发与利用[J]. 中国油料作物学报, 2009, 31(4): 401-406.

[137]贾小平,王天宇,黎裕,等. 用SAM法分离谷子SSR位点的研究[J]. 河南农业科学, 2009(8): 17-21.

[138]马丽华,刁现民,尚忠林. 应用5'锚定PCR开发谷子微卫星标记[D]. 保定:河北大学, 2008: 27-29.

[139]张晗,王雪梅,王东健,等. 谷子基因组SSR信息分析和标记开发[J]. 分子植物育种, 2013, 11(1): 30-36.

[140]杨维泽,许宗亮,杨绍兵,等. 三种植物EST-SSR引物在滇重楼上的通用型分析[J]. 西南农业学报, 2014, 27(4): 1686-1690.

[141]刘林,孙来亮,兰茗清,等. 小麦EST-SSR的分析及其引物开发[J]. 云南农业大学学报, 2012, 27(5): 623-630.

[142]肖小余. 四川省主要杂交稻亲本的SSR多态性分析和指纹图谱的构建与应用

[J]. 中国水稻科学, 2006, 20（1）: 1-7.

[143]李卫国, 常天骏, 龚红梅. EST-SSR及其在植物基因组学研究中的应用[J]. 生物技术, 2008, 18（4）: 90-93.

[144]Kajal Kumari, Mehanathan Muthamilarasan, Gopal Misra. Development of eSSR-markers in setaria italica and their applicability in studying genetic diversity, cross-transferability and comparative mapping in millet and non-millet Species[J]. PLOS ONE, 2013, 8（6）: 65-79.

[145]欧良喜, 向旭, 狄凤香, 等. SSR分子标记在荔枝上的研究进展[J]. 生物技术通报, 2009, 3（S1）: 83-87.

[146]田大刚, 林艳, 刘华清, 等. 123份水稻重要品种的SSR核心标记指纹分析[J].分子植物育种, 2013, 11（1）: 20-29.

[147]郝晓芬, 王节之, 王璐英, 等. SSR标记分析谷子遗传多样性[J]. 山西农业科学, 2005, 33（4）: 29-31.

[148]王节之, 郝晓芬, 王根全, 等. 谷子种质资源分子标记的多态性研究[J]. 生物技术, 2006, 16（1）: 10-14.

[149]朱学海, 张艳红, 宋燕春, 等. 基于SSR标记的谷子遗传多样性研究[J]. 植物遗传资源学报, 2010, 11（6）: 698-702.

[150]杨天宇, 牟平, 孙万仓, 等. 中国北部高原地区谷子品种遗传差异的SSR分析[J]. 西北植物学报, 2010, 30（9）: 1786-1791.

[151]詹少华, 盛新颖, 樊洪泓, 等. 大豆EST序列长度与SSR特性的关系[J]. 大豆科学, 2009, 28（2）: 204-209.

[152]杨坤. 谷子SSR标记连夺图谱构建及几个主要性状QTL分析[D]. 保定: 河北农业大学, 2008: 32-40.

[153]管敏. SSR分子标记在水稻品种鉴定和遗传育种中的应用[J]. 硅谷, 2014, 17: 71-72.

[154]郝晓芬, 王志民, 王根全, 等. SSR方法标记谷子光敏雄性不育基因[J]. 华北农学报, 2011, 26（5）: 112-116.

[155]王晓宇, 习现民, 王节之, 等. 谷子SSR分子图谱构建及主要农艺性状QTL定位[J]. 植物遗传资源学报, 2013, 14（5）: 108-115.

[156]王印肖, 徐秀琴, 韩宏伟. 分子标记在品种鉴定中的应用级前景[J]. 河北林业科技, 2006, 9（S1）: 46-49.

[157]盖树鹏, 盖伟玲, 黄进勇. SSR与SRAP标记在玉米品种鉴定中的比较研究

[J]. 植物遗传资源学报, 2011, 12（3）: 468-472.

[158] 罗兵, 徐港明, 孙海燕, 等. 利用简单重复序列（SSR）标记分析太湖稻区现代粳稻品种的遗传多样性[J]. 农业生物技术学报, 2014, 12: 1502-1513.

[159] 冯艳芳, 曲延英, 耿洪伟, 等. 20份棉花品种DNA指纹图谱的构建[J]. 作物杂志, 2015, 3: 64-69.

[160] 牛付安, 程灿, 周继华, 等. 分子标记在杂交粳稻育种上的应用现状及展望[J]. 中国稻米, 2015, 1: 18-23.

[161] 李汝玉, 李群, 张文兰, 等. 利用SSR标记进行小麦品种鉴定和新品种保护研究[J]. 山东农业科学, 2007（6）: 14-17.

[162] 李汝玉, 李群, 张文兰, 等. 利用SSR标记进行中国小麦品种鉴定的研究[J]. 种子, 2008, 27（2）: 91-96.

[163] 贾春兰, 刘少坤, 柳京国, 等. SSR分子标记技术在玉米品种鉴定中的应用[J]. 农业科技通讯. 2006（4）: 16-17.

[164] 马红勃, 许旭明, 韦新宇, 等. 基于SSR标记的福建省若干水稻品种DNA指纹图谱构建及遗传多样性分析[J]. 福建农业学报, 2010, 25（1）: 33-38.

[165] 左示敏, 周娜娜, 陈宗祥, 等. SSR标记在江苏粳稻品种鉴定中的应用研究[J]. 扬州大学学报, 2014, 35（4）: 46-51.

[166] 王军, 谢皓, 郭二虎, 等. DNA分子标记及其在谷子遗传育种中的应用[J]. 北京农学院学报, 2005, 20（1）: 76-80.

[167] 房经贵. DNA技术在农业上的应用[J]. 农业生物技术学报, 2014, 12: 1463-1470.

[168] 曹士亮, 曹靖生, 王成波, 等. 玉米SSR分子标记技术操作流程研究进展[J]. 中国农学通报, 2012, 15: 1-4.

[169] 叶景秀, 张凤军, 张永成. 青海省20个主要马铃薯审定品种的SSR标记遗传分析[J]. 种子, 2013, 32（6）: 1-4.

[170] 刘晗. 基于SSR标记的中国东北大豆育成品种遗传多样性及育种性状的关联分析[D]. 南昌: 南昌大学, 2011.

[171] 董鑫. 基于线粒体COI基因序列研究口虾蛄群体的遗传多样性及微卫星引物的开发[D]. 大连: 大连海洋大学, 2014.

[172] Jiangyan Yu, Hua Zhao, Tingting Zhu. Transferability of rice SSR markers to Miscanthus sinensis, a potential biofuel crop[J]. Euphytica, 2013, 191: 455-468.

[173] Xin Wei, Linhai Wang, Yanxin Zhang. Development of Simple Sequence Repeat

(SSR) Markers of Sesame (Sesamum indicum) from a Genome Survey[J]. Molecules, 2014, 19(4): 5150-5162.

[174]张清华. 利用多重荧光SSR标记构建甘蓝型油菜品种的DNA指纹图谱[D]. 武汉: 华中农业大学, 2011.

[175]王凤格, 赵久然, 田红丽. 玉米品种DNA指纹鉴定技术100问[M]. 北京: 中国农业科学技术出版社, 2013.

[176]杨军. 甘蓝型油菜SSR核心引物的研究[D]. 武汉: 华中农业大学, 2009.

[177]黄龙花, 吴清平, 杨小兵, 等. 基于特定引物PCR的DNA分子标记技术研究进展[J]. 生物技术通报, 2011, 2: 61-65.

[178]Kamirou Chabi Sika, Timnit Kefela, Hubert Adoukonou-Sagbadja. A simple and efficient genomic DNA extraction protocol for large scale genetic analyses of plant biological systems[J]. Plant Gene, 2015, 1: 43-45.

[179]范建光, 张海英, 宫国义, 等. 西瓜DUS测试标准品种SSR指纹图谱构建及其应用[J]. 植物遗传资源学报, 2013, 14(5): 892-899.

[180]王庆彪, 张扬勇, 庄木, 等. 中国50个甘蓝代表品种EST-SSR指纹图谱的构建[J]. 中国农业科学, 2014, 47(1): 111-121.

[181]刘峰. 适合棉花品种鉴定的SSR核心引物的筛选和品种鉴别[D]. 泰安: 山东农业大学, 2010.

[182]Wani M R, Dar A R, Tak A, et al. Chemo-induced pod and seed mutants in mungbean (Vigna Radiata L. Wilczek)[J]. SAARC Journal of Agriculture, 2018, 15(2): 57-67.

[183]刘晨旦, 张泽燕, 张耀文. 绿豆遗传图谱构建研究进展[J]. 山西农业科学, 2017, 45(6): 1040-1043.

[184]王彩萍. 山西省绿豆育种研究与生产现状分析[J]. 山西农业大学学报(自然科学版), 2016, 36(12): 908-912.

[185]曾志红, 王强, 林伟静, 等. 绿豆的品质特性及加工利用研究概况[J]. 作物杂志, 2011(4): 16-19.

[186]张会娟, 胡志超, 吕小莲, 等. 我国绿豆加工利用概况与发展分析[J]. 江苏农业科学, 2014, 42(1): 234-236.

[187]Tomooka, Norihiko. Genetic diversity and landrance differentiation of mungbean, Vigna radiata (L.) wilczek, and evaluation of its wild relatives (the subgenus Ceratotropis) as breeding materials [in Asia][J]. Technical Bulletin Tarc, 1991.

[188]任红晓，姜翠棉，高运青，等. 中国传统名优绿豆品种形态性状遗传多样性研究[J]. 农业科技通讯，2017（1）：119-124.

[189]邢宝龙，殷丽丽. 绿豆育种及分子遗传学研究进展[J]. 现代农业科技，2017（10）：39-40.

[190]叶卫军，杨勇，周斌，等. 分子标记在绿豆遗传连锁图谱构建和基因定位研究中的应用[J]. 植物遗传资源学报，2017，18（6）：1193-1203.

[191]武玉环，郭静利. 我国绿豆价格波动及趋势分析[J]. 北方园艺，2016（18）：196-201.

[192]王丽侠，程须珍，王素华. 绿豆种质资源、育种及遗传研究进展[J]. 中国农业科学，2009，42（5）：1519-1527.

[193]钟敏. 绿豆遗传连锁图谱构建及抗豆象基因定位[D]. 北京：中国农业科学院，2012.

[194]吴则东，江伟，马龙彪. 分子标记技术在农作物品种鉴定上的研究进展及未来展望[J]. 中国农学通报，2015，31（33）：172-176.

[195]郭承亮，耿月明，王世才. 主要农作物品种鉴定方法要"新、老"结合[J]. 中国种业，2013（7）：24-26.

[196]巫桂芬. 黄麻遗传资源基因组DNA指纹图谱绘制[D]. 福州：福建农林大学，2014.

[197]左示敏，周娜娜，陈宗祥，等. DNA指纹在水稻品种鉴定中的应用与展望[J]. 江苏农业科学，2014，42（12）：4-8.

[198]韩海英，丁显萍，张萍，等. 杂交水稻酯酶同工酶鉴定纯度的室温掌控技术研究[J]. 园艺与种苗，2017（4）：56-58.

[199]张立平. 基于农作物品种身份证的种子溯源及监管系统研究与应用[D]. 合肥：安徽农业大学，2016.

[200]朱旭东，上官凌飞，孙欣，等. DNA标记在植物品种鉴定上的应用现状[J]. 中国农学通报，2014，30（30）：234-240.

[201]Stevenage S V, Bennett A. A biased opinion: Demonstration of cognitive bias on a fingerprint matching task through knowledge of DNA test results.[J]. Forensic Science International，2017，276：93-106.

[202]Mcgregor C E, Lambert C A, Greyling M M, et al. A comparative assessment of DNA fingerprinting techniques（RAPD, ISSR, AFLP and SSR）in tetraploid potato（Solanum tuberosum L.）germplasm[J]. Euphytica，2000，113（2）：135-144.

[203] Rathlavath S, Kumar S, Nayak B B. Comparative isolation and genetic diversity of Arcobacter spp. from fish and the coastal environment.[J]. Letters in Applied Microbiology, 2017, 65（1）: 42-49.

[204] Haghighi M T, Kumar T S J. Genetic divergence and allelic-specificity in relation to expression of voltinism in silkworm using ISSR and RAPD fingerprinting[J]. Russian Journal of Genetics, 2017, 53（2）: 267-274.

[205] 王晓醒. 梭罗草AFLP多态性分析及指纹图谱构建[D]. 西宁: 青海大学, 2017.

[206] Aboulila A A, Mansour M. Efficiency of Triple-SCoT Primer in Characterization of Genetic Diversity and Genotype-Specific Markers against SSR Fingerprint in Some Egyptian Barley Genotypes[J]. American Journal of Molecular Biology, 2017, 7（3）: 123-137.

[207] Perera C. Characterisation of Sri Lanka Yellow Dwarf Coconut（Cocos nucifera L.）by DNA fingerprinting with SSR markers[J]. Journal of the National Science Foundation of Sri Lanka, 2017, 45（4）: 405-412.

[208] 张清华. 利用多重荧光SSR标记构建甘蓝型油菜品种的DNA指纹图谱[D]. 武汉: 华中农业大学, 2011.

[209] Pagar T A, Akhare A A, Gahukar S J, et al. DNA fingerprinting and genetic diversity analysis of chickpea genotypes using SSR, scot and DAMD markers[J]. International Journal of Chemical Sciences, 2017, 5（5）: 41-46.

[210] Feng H, Wen C, Yin X, et al. Population genetic diversity analysis of Chinese jujube branch canker pathogens（Botryosphaeria dothidea）in China using ISSR markers[J]. Journal of Fruit Science, 2017, 34（8）: 977-987.

[211] Riaz S, Lund K, Granett J, et al. Population Diversity of Grape Phylloxera in California and Evidence for Sexual Reproduction[J]. American Journal of Enology & Viticulture, 2017, 68（2）: 15114.

[212] 吴建涛, 王勤南, 周峰, 等. DNA指纹图谱技术及其在甘蔗育种上的应用[J]. 甘蔗糖业, 2016（1）: 1-6.

[213] Samantha B, Thomas H, Viviane S, et al. Identification of a new hominine bone from Denisova Cave, Siberia using collagen fingerprinting and mitochondrial DNA analysis: [J]. Scientific Reports, 2016, 6: 23559.

[214] Setimela P S, Warburton M L, Erasmus T. DNA fingerprinting of open-pollinated maize seed lots to establish genetic purity using simple sequence repeat markers[J].

South African Journal of Plant & Soil, 2016, 33（2）: 141-148.

[215] Karbab E M B, Debbabi M, Mouheb D. Fingerprinting Android packaging: Generating DNAs for malware detection[J]. Digital Investigation, 2016, 18: 33-45.

[216] 云天海, 郑道君, 谢良商, 等. 中国南瓜海南农家品种间的遗传特异性分析和DNA指纹图谱构建[J]. 植物遗传资源学报, 2013, 14（4）: 679-685.

[217] 张安世, 张素敏, 范定臣, 等. 皂荚种质资源SRAP遗传多样性分析及指纹图谱的构建[J]. 浙江农业学报, 2017, 29（9）: 1524-1530.

[218] 罗兵, 孙海燕, 杨志刚, 等. 基于SSR标记的太湖稻区常规粳稻DNA指纹图谱构建及遗传相似性分析[J]. 南方农业学报, 2015, 46（1）: 9-14.

[219] 宫慧慧, 谢华, 马荣才, 等. 利用SSR分析小豆种质遗传多样性[J]. 农业生物技术学报, 2008（5）: 872-880.

[220] 薛建峰, 谭美莲, 严明芳, 等. 我国部分蓖麻品种遗传资源SSR分析及DNA指纹图谱[J]. 中国油料作物学报, 2015, 37（1）: 48-54.

[221] 姚全胜, 詹儒林, 黄丽芳, 等. 11个芒果品种SSR指纹图谱的构建与品种鉴别[J]. 热带作物学报, 2009, 30（11）: 1572-1576.

[222] 陆徐忠, 倪金龙, 李莉, 等. 利用SSR分子指纹和商品信息构建水稻品种身份证[J]. 作物学报, 2014, 40（5）: 823-829.

[223] Md. Rezwan Molla. Genetic Diversity Analysis and DNA Fingerprinting of Mungbean (Vigna radiata L.) Genotypes Using SSR Markers[J]. Journal of Plant Sciences, 2016, 6（4）: 153-164.

[224] Lestari P, Kim S K, Reflinur, et al. Genetic diversity of mungbean (Vigna radiata L.) germplasm in Indonesia[J]. Plant Genetic Resources, 2014, 12（S1）: 91-94.

[225] 孙荣喜. 中国枫香树遗传多样性及谱系地理研究[D]. 北京: 中国林业科学研究院, 2017.

[226] 卞光明. 东海带鱼不同群体遗传多样性研究[D]. 舟山: 浙江海洋大学, 2017.

[227] 蒋会兵, 宋维希, 矣兵, 等. 云南茶树种质资源的表型遗传多样性[J]. 作物学报, 2013, 39（11）: 2000-2008.

[228] 程蓓蓓. 中国红豆杉属分子谱系地理学与遗传多样性研究[D]. 北京: 中国林业科学研究院, 2016.

[229] 张毅华, 张耀文, 张泽燕. 绿豆种质资源表型性状多样性分析[J]. 农学学报, 2013, 3 (1): 15-19.

[230] 程须珍, Charles Y. Yang. 利用RAPD标记鉴定绿豆组植物种间亲缘关系[J]. 中国农业科学, 2001 (2): 216-218.

[231] 朱慧珺. 山西省绿豆种质资源表型性状遗传多样性分析[D]. 太原: 山西农业大学, 2015.

[232] 吴传书, 王丽侠, 王素华, 等. 绿豆高密度分子遗传图谱的构建[J]. 中国农业科学, 2014, 47 (11): 2088-2098.

[233] Menancio-Hautea D, Fatokun C A, Kumar L, et al. Comparative genome analysis of mungbean (Vigna radiata L. Wilczek) and cowpea (V. unguiculata L. Walpers) using RFLP mapping data[J]. Tag.theoretical & Applied Genetics. theoretische Und Angewandte Genetik, 1993, 86 (7): 797-810.

[234] Lambrides C J, Lawn R J, Godwin I D, et al. Two genetic linkage maps of mungbean using RFLP and RAPD markers[J]. Australian Journal of Agricultural Research, 2000, 51 (4): 415-425.

[235] Sholihin, Hautea D M. Molecular mapping of drought resistance in mungbean (Vigna radiata): . Linkage map in mungbean using AFLP markers[J]. Journal Biotechnology Pertanian, 2002, 7 (1): 17-24.

[236] Isemura T, Kaga A, Tabata S, et al. Construction of a Genetic Linkage Map and Genetic Analysis of Domestication Related Traits in Mungbean (Vigna radiata)[J]. Plos One, 2012, 7 (8): 41304.

[237] 赵丹. 绿豆遗传连锁图谱的构建及其分析利用[D]. 北京: 中国农业科学院, 2010.

[238] 吴传书. 绿豆SSR标记的开发及高密度分子遗传连锁图谱的构建[D]. 兰州: 甘肃农业大学, 2014.

[239] 刘岩, 程须珍, 王丽侠, 等. 基于SSR标记的中国绿豆种质资源遗传多样性研究[J]. 中国农业科学, 2013, 46 (20): 4197-4209.

[240] 赵雪英, 王宏民, 李赫. 绿豆种质资源的ISSR遗传多样性分析[J]. 植物遗传资源学报, 2015, 16 (6): 1277-1282.

[241] 乔玲. 国外绿豆种质资源的遗传多样性分析[D]. 太原: 山西农业大学, 2015.

[242] 任红晓, 程须珍, 徐东旭, 等. 应用SSR标记分析中国北方名优绿豆的遗传多样性[J]. 植物遗传资源学报, 2015, 16 (2): 395-399.

[243]Glaubitz J C. convert: A user-friendly program to reformat diploid genotypic data for commonly used population genetic software packages[J]. Molecular Ecology Notes, 2004, 4（4）: 309-310.

[244]Yeh F C, Yang R C, Boyle T. POPGENE, microsoft windows-based freeware for population genetic analysis release 1.31[M]Edmonton: University of Alberta, 1999.

[245]Nei M. Genetic Distance between Populations[J]. American Naturalist, 1972, 106（949）: 219-223.

[246]Bredemeijer M, Cooke J, Ganal W, et al. Construction and testing of microsatellite database containing more than 500 tomato varieties[J]. Theoretical and Applied Genetics, 2002. 105（6-7）: 1019-1026.

[247]华蕾. 我国水稻主栽品种SSR多样性比较及水稻纹枯病抗性遗传分析[D]. 北京: 中国农业科学院, 2007.

[248]Krishnamurthy S L, Sharma S K, Kumar V. Analysis of genomic region spanning Saltol using SSR markers in rice genotypes showing differential seedlings stage salt tolerance[J]. Journal of Plant Biochemistry and Biotechnology, 2016, 25（3）: 331-336.

[249]施永泰, 边红武, 韩凝, 等. 中国江、浙地区栽培大麦遗传资源的RAPD研究. 作物学报, 2004, 30（3）: 258-265.

[250]Wang X Q, Kwon S W, Park Y J. Comparison of Population Genetic Structures between Asian and American Mungbean Accessions Using SSR Markers[J]. Journal of Agricultural Science, 2012, 4（9）: 150-158.

[251]Sangrir C, Kaga A, Tomooka N, et al. Genetic diversity of the mungbean（Vigna radiata, Leguminosae）genepool on the basis of microsatellite analysis[J]. Australian Journal of Botany, 2007, 55（8）: 837-847.